怎么穿
都很美

[日]典子 / 著
梁玥 / 译

江苏凤凰科学技术出版社
·南京·

365NICHI NO BESHIKKUKODE NANDO DEMO KITAKU NARU
OTONA NO JOHIN SUTAIRU

©noriko 2019

First published in Japan in 2019 by KADOKAWA CORPORATION, Tokyo. Simplified Chinese translation rights arranged with KADOKAWA CORPORATION, Tokyo through BARDON-CHINESE MEDIA AGENCY. Simplified Chinese translation rights in PRC reserved by Phoenix-HanZhang Publishing and Media (Tianjin) Co., Ltd.

江苏省版权局著作权合同登记 图字：10-2020-335号

图书在版编目（CIP）数据

怎么穿都很美 /（日）典子著；梁玥译 . —南京：江苏凤凰科学技术出版社，2021.2
ISBN 978-7-5713-1552-8

Ⅰ.①怎… Ⅱ.①典… ②梁… Ⅲ.①服饰美学 Ⅳ.① TS941.11

中国版本图书馆 CIP 数据核字 (2020) 第 227087 号

怎么穿都很美

著　　者	[日] 典子
译　　者	梁　玥
责任编辑	倪　敏
责任校对	杜秋宁
责任监制	方　晨

出版发行	江苏凤凰科学技术出版社
出版社地址	南京市湖南路 1 号 A 楼，邮编：210009
出版社网址	http://www.pspress.cn
印　　刷	天津丰富彩艺印刷有限公司

开　　本	880 mm × 1 230 mm　1/32
印　　张	4
字　　数	80 000
版　　次	2021年2月第1版
印　　次	2021年2月第1次印刷

标准书号	ISBN 978-7-5713-1552-8
定　　价	32.80元

图书如有印装质量问题，可随时向我社出版科调换。

前言
Introduction

每天都想穿的、妩媚而优雅的基础造型

承蒙厚爱，这一次我出版了又一部全新作品《怎么穿都很美》。在出版第一部作品时，我的女儿刚2岁，现在她已经6岁了。在此期间，我又经历了怀孕、生子，如今变成了两个孩子的妈妈。虽然时常有些烦恼，但我一直坚持为事业和育儿奋斗着。

我非常喜欢研究穿搭。虽然有时我也会热衷于追逐潮流，但我打心底里喜欢的风格是妩媚而优雅的基础造型，这一点几乎从未动摇过。

我所钟意的时装总是洋溢着优雅而妩媚的熟女气质，不论是想穿得随意一些，还是想穿得漂亮一些。并且不论何种场合，我都会将各种风格混搭在一起。借着编写本书的机会，我尝试将自己的搭配理念转换成文字描写出来，才发现它们是多么的模式化。

不可思议的是，这些搭配无论穿多少次都穿不腻，并且每次穿着都让我充满幸福感，感觉真的很棒。

渐渐地，我不再拘泥于"穿搭必须变化多端"

就在不久前，我还总想着要尽可能搭配出百变的造型、避开相似的搭配。我试过使用许多点缀色，也试过一味地追求时髦。

然而，对于我来说时尚是一件珍贵的工具，它令我的人生充满乐趣。如今我回归初心，将使自己拥有舒适的体验这件事摆在首位。我可以连续三天都穿米色系，也可以佩戴同一件首饰。诚实地面对自己的心情，只追求自己真正喜欢的风格，这样一来你就能够舍弃掉多余的东西，清楚地看到自己内心所需。

这就是我的个性！一旦在脑海中确定了自己的风格，你就能明确地分辨出哪件单品是自己需要的、哪件是自己不需要的，这样就不会被潮流牵着鼻子走，而能够穿出自己的个性。我个人感觉，这样既能保持对潮流的敏感度，又能通过保持"自我风格"而不滥用流行、享受打扮的乐趣。

我再度注意到了基础色的赏心悦目之处

我在穿搭时首先考虑的就是配色，通常我都会使用基础色，如米色、棕色、卡其色、白色、黑色、藏青色来进行搭配。当然，我也会穿颜色鲜艳的点缀色针织衫，但只是偶尔将它作为转换心情的必备单品。

我很喜欢将色彩排列成渐变色，或是将相近的颜色重叠在一起，这使我心情舒畅。我也喜欢将对比色的撞色搭配在一起，强调个性。根据当天的心情与行程来选择颜色也是愉快的时光。

像这样追求自己的"真爱"，我得到了一大堆相似配色的相似搭配。我依然钟意优衣库和网店的平价单品，在本书中它们也将大显身手。

我曾如饥似渴地阅读过许多时尚杂志和偶像造型师的著作，天马行空地想象，无比期待将它们运用在我自己的时尚中的那一瞬间。翻开本书的每一页，都会令人感到赏心悦目、怦然心动！这就是我编写这本书的目标。这样说也许太不自量力了，但哪怕只有一位读者能感受到上述心情，我也会感到开心的。

目录 Contents

1 第一章
利用配色打造成熟而优雅的气质 / *007*

2 第二章
春季与夏季的一衣多穿搭配法 / *027*

3 第三章
通过配饰提升时髦度 / *053*

4 第四章
灵活运用经典单品的三段穿搭法 / *074*

5 第五章
秋季与冬季的一衣多穿搭配法 / *095*

专栏

优衣库单品的一衣多穿搭配大全！31天　春夏篇 / *066*
让装扮更加有趣的穿搭小窍门 / *088*
优衣库单品的一衣多穿搭配大全！31天　秋冬篇 / *120*

第一章

利用配色
打造成熟而优雅的气质

我做造型时最常用的基础色，
与我钟爱的配色全部集中在这里。
每种颜色都是标准答案，
不论怎样穿都不会腻，
它们都是我衣橱中的常驻嘉宾。

BEIGE 米色

米色是我的基础色，
每周有 4 天都穿它

**米色是我即使频繁穿着
也不会厌倦的经典颜色**

　　米色是万能色，可休闲、可高雅，亦可妩媚，因此它可以说是我每日穿搭的基础色，当之无愧。挑选米色上衣时，应选择版型宽松的设计，这样能够避免其与肌肤颜色过于接近而显得呆板，更能强调服装的灵动感。如果你认为米色会令人显得老气，那也可以选择米色下装，同脸部拉开距离。再或者，你可以选择卡其裤等休闲的服装，这会让你看起来更加清爽干练。

**我最钟爱的是"整身米色穿搭"，
将米色用到极致**

　　我喜欢用米色来调和鲜艳的点缀色，但我更喜欢同时用好几种米色搭配出"整身米色穿搭"，如同一幅色彩渐变的画作。选择不同色调的米色，通过颜色深浅之差打造出立体感，同时还能展现出洒脱的气质。我个人觉得，比起偏黄的米色，略微偏红的深米色更好搭配衣服，也更衬肤色。

米色穿搭 No.*1*

钟爱的米色服装搭配点睛的白色小物

利用芭蕾鞋与渔网包的妩媚，中和衬衫式连衣裙的硬朗，强调女性气质。内搭白色无袖背心，提高面部周围的明亮度，从而打造出清爽、明快的气质。

连衣裙、手提包 / RAZIEL
背心 / 无印良品
芭蕾鞋 / SESTO
皮绳腰带 / Plage

米色穿搭 No.*2*

从头到脚使用三种米色打造层次感与统一感

焦糖米色、浅米色与米灰色的整身米色穿搭衬托出浅蓝色牛仔裤的清爽。我一直非常喜欢米色与蓝色搭配在一起而形成的别致感与清爽感。

夹克 / Plage
开衫 / KOBE LETTUCE
牛仔裤 / Levi's
手提包 / CELINE
高跟鞋 / Outletshoes

米色穿搭 No.3

条纹衫给人一种清新的印象，搭配同色系米色下装，有一种柔和的协调之感

衣饰统一选择同一色系，这样更能烘托出米色条纹衫的可爱。船领与高腰款长裙令这套装扮看起来既休闲、又充分体现出女性妩媚的气质。

条纹衫、长裙 / RAZIEL
挎包 / 爱马仕
运动鞋 / 阿迪达斯

米色穿搭 No.4

在柔和的配色中加入黑色，就能打造出熟女的帅气风

黑色牛仔裤使整体造型不过于甜美。长大衣内搭立体条纹开衫，自然地强调出垂直线条，因此具有提升造型感的效果。

大衣 / Plage
开衫 / MACPHEE
牛仔裤 / Mila Owen
手提包 / CELINE
乐福鞋 / Gucci
丝巾 / GALLARDAGALANTE
短袜 / 靴下屋

最爱颜色 02

BROWN 棕色

棕色也是我的经典颜色，
洋溢着成熟的稳重感

如果说米色是基础色，那么棕色就是重点色，充满高雅感

我钟爱棕色的程度几乎和米色一样。棕色看起来朴素，但实际上会给人留下很深的印象，因此很适合用于想在基础造型中体现出视觉冲击力时。想打造出更丰富的优雅感时、想让整体造型更具有层次感时，都可以使用棕色。在所有的棕色中，我最喜欢稍微偏红一些的、类似于牛奶巧克力一般的棕色。它是具有层次感的、深沉的颜色，然而将它用于穿搭中时，总能给人一种柔和而亲切的感觉。

看起来老气？像是大叔穿的衣服？
配色决定美丑

深棕色如果搭配不好，看起来会显得老气，或者给人一种大叔才会穿的印象，我认为这一点确实是。因此，我会将它和干净的白色或柔和的象牙色搭配在一起，使其看起来更加雅致、简洁。此外，棕色和任何颜色搭配在一起都不突兀，配上黑色、灰色又另有一种奢华的韵味，实属难得。在与看起来容易显得孩子气的点缀色单品搭配时，也能起到调和作用。

棕色穿搭 No. *1*

摩卡棕 + 米色 + 白色，
我心中铁打的三色搭配

我可以斩钉截铁地说，这身搭配是我工作日的经典套装款！我非常喜欢它们。通过调整颜色深浅、改变材质感等手段，能够使这身穿搭更出彩。立体竖纹是线衫点睛之笔！

夹克 / &. NOSTALGIA
线衫 / fifth
阔腿裤 / Plage
手提包 / CELINE
高跟鞋 / PELLICO

棕色穿搭 No. *2*

主角是摩卡棕的大衣，
用柔和的配色熬过寒冷的冬天

厚重的大衣内搭白色线衫和象牙色长裤，全身都变得轻快起来。灯芯绒长裤的质感在秋冬季节也带给人温暖的感觉，因此它是一件利用率很高的单品。选择象牙色而不是纯白色，这样好搭配。

大衣 / STUNNING LURE
线衫 / KOBE LETTUCE
长裤 / IENA
水桶包 / J&M DAVIDSON
高跟鞋 / PELLICO
披肩 / M-PREMIER

棕色穿搭 No.*3*

将存在感无与伦比的巧克力棕色灯芯绒长裤穿出清爽的感觉

为了避免灯芯绒长裤令整体造型显得臃肿,搭配了领部设计简洁的纯白色针织衫。再用芥黄色披肩进行点缀,它与棕色是绝配。

针织衫 / AURALEE
长裤 / IENA
水桶包 / Liberty Bell
帆布鞋 / 匡威
披肩 / Manipuri

棕色穿搭 No.*4*

与深色服饰搭配在一起,韵味十足

我喜欢这样进行配色,洋溢着成熟而高雅的气质。配饰也全部选择棕色的,这样更能衬托出紫色包身裙的出众。在使用点缀色时,只要控制颜色数量,使目光集中在焦点上,就能做到万无一失。

夹克 / &. NOSTALGIA
线衫 / fifth
包身裙 / nano・universe
手提包 / FENDI
高跟鞋 / SESTO
丝巾 / Manipuri

最爱颜色 *03*

KHAKI 卡其色

将卡其色
穿出女人味

卡其色也能穿出女人味!这是我的穿衣之道,
选择高跟鞋来搭配是再自然不过的事

　　卡其色给人一种强烈的男性化的、休闲的印象,正因为如此,凭借巧妙的搭配反而能将它穿出女人味。它也是我非常钟意的颜色之一,它具备米色和棕色所不具备的帅气感,只要好好搭配,就能表现出过人的时尚感。虽说统称为卡其色,但其实它的颜色范围非常广泛,当你想穿得成熟些时,可以选择带点棕色的深卡其;当你想穿得休闲些时,则可以选择颜色明亮、色泽鲜艳的卡其色。

在所有的卡其色单品中最好穿搭的就是
"衬衫"和"工装裤"

　　衬衫是具有露肤度,同时也能增加雅致感和妩媚感的单品。除了白色,不妨大胆尝试一下卡其色,搭配起来会带给人一种特别的新鲜感。我十分推荐"Shinzone"这个品牌的工装裤,在本书中它的穿搭率非常高。我在一开始时也曾穿搭过颜色更暗的卡其色,但由于我的衣服大都是柔和色,所以与"Shinzone"的工装裤搭配在一起更协调,我对它情有独钟。工装裤的材质不易变形,具有提高腰线的作用,同时能够遮挡腿型,使腿部线条看起来更加笔直。

卡其色穿搭　No.*1*

说起卡其色一定是它！通过配色将工装裤的酷感穿出女人味

穿着工装裤时，可以通过搭配其他单品来调节平衡，使整体造型不显得过于休闲。前后 V 领的针织衫与高跟鞋突显了女性的妩媚。银色手挎包也营造出奢华的气氛。

针织衫 / AURALEE
工装裤 / Shinzone
手挎包 / TOMORROWLAND
高跟鞋 / PELLICO
丝巾 / GALLARDAGALANTE

卡其色穿搭　No.*2*

将卡其色与米色搭配在一起，使男性化的风格变得柔和

宽松的开衫看起来十分可爱，再配上白色 V 领针织衫，露肤度恰到好处，显得十分雅致。烟色高跟鞋与灰色水桶包是万能色，不论与哪种颜色搭配都合适，我非常喜爱它们。

开衫 / titivate
针织衫 / AURALEE
工装裤 / Shinzone
水桶包 / &. NOSTALGIA
高跟鞋 / PELLICO

卡其色穿搭 No.*3*

冷淡卡其色与
浅象牙色的高级配色

这套搭配整体给人一种冷淡的印象，所以要用驼色水桶包和高跟鞋来点缀才能出彩，表现出层次感。压花皮与透明材质拼接的水桶包充满趣致，起到了和点缀色一样的效果。

衬衫 / ZARA
阔腿裤 / Plage
水桶包 / Liberty Bell
高跟鞋 / GU

卡其色穿搭 No.*4*

带点棕色的卡其色与肌肤
完美融合，给人的印象更加成熟

黑色高领线衫与牛仔裤是单品的经典搭配，外面套一件长及脚踝的衬衫裙，整体气质立刻截然不同了。这种帅气感是白色或米色衬衫裙所没有的。

衬衫裙 / RAZIEL
高领线衫 / 无印良品
牛仔裤 / Levi's
手提包 / CELINE
高跟鞋 / PELLICO
丝巾 / Manipuri

NAVY 藏蓝色

当黑色不合适时，
选择藏蓝色试试看吧

　　我总是在初次与人见面时穿着藏蓝色服饰。它的感觉不像黑色那么沉闷，兼具柔和与端庄两种特质，我想它一定能给对方留下好印象吧。我常常将它与蓝色搭配在一起，使整体风格统一显得凛然，或是与白色搭配在一起，穿出海军风。此外，它与个性强烈的颜色搭配在一起也很协调，因此我也喜欢用紫色、黄色和深驼棕等颜色来搭配它。有时候，我在接连好几天都享受了米色与棕色的穿搭之后，会非常渴望穿上藏蓝色的衣饰，被它的清爽包裹住。

藏蓝色穿搭　No. *1*

**熟女气质的牛仔裤搭配藏蓝色衬衫，感觉超有范儿！
十分推荐的一款**

衬衫与牛仔裤的经典搭配过于简洁，反而很难搭出彩，这时可以利用渐变的配色来协调，提升质感。和棕色这种强烈的颜色撞色，就能产生层次感。

———

衬衫 / CIROI
牛仔裤 / MERI
手提包 / FENDI
高跟鞋 / SESTO
丝巾 / Manipuri

藏蓝色穿搭 No.2

藏蓝色与海军风可以说是固定组合，毫无疑问，这一对铁打的搭配能给人留下最佳印象

虽然条纹针织衫看起来显得过于休闲，但我所喜爱的V领或船领等剪裁设计能够弥补这一点，使整体风格呈现出女人味。穿着时，要将上衣下摆紧紧束在裤腰里。最后用丝巾来点缀，提升高级感。

针织衫 / THE NEWHOUSE
长裤 / GU
水桶包 / J&M DAVIDSON
乐福鞋 / Gucci
丝巾 / Manipuri

藏蓝色穿搭 No.3

令人感觉过于奢华的紫色，也可以用藏蓝色魔法打造出高雅感

略偏蓝的紫色与藏蓝色色差没有那么大，真的很适合搭配在一起。藏蓝色具有一种知性而清爽的气质，能够很好地中和鲜艳色半身裙的甜美。

外套 / Spick & Span
半身裙 / nano · universe
水桶包 / J&M DAVIDSON
运动鞋 / 阿迪达斯
短袜 / 靴下屋

MONOTONE

万无一失的
黑、白配

    黑、白色穿搭是不会轻易被潮流所左右的。往好了说是怎么穿都不会出错，但缺点就是不太容易穿出彩。为了能将黑、白色穿出令人耳目一新的感觉，我在搭配上颇费了一番工夫。当我鼓足劲头决定"今天要穿黑、白配"之后，我会非常慎重地挑选单品。大家在搭配时要注意黑色占的面积。由于黑色在人们眼中极具个性，所以当你只想用黑色和白色迅速搭出一身造型时，那就要让白色占的面积更多些。当你想以黑色为主色时，就加入灰色来调剂，使黑色不显得那么强烈。正因为没有鲜艳色，所以在搭配时才更能灵活运用单品的质地与样式，我认为这一点也是黑、白配的优点。

黑、白配　No. *1*

黑、白色穿搭是最能挑战
美感与质感的混搭

在白色占面积最多的浅色调穿搭中，通过控制颜色数量以及选择富有质感的灯芯绒半身裙，能够打造出立体感。最后再通过手提包和平底鞋起到整体上的视觉收缩效果。

半身裙 / IENA
手提包 / &. NOSTALGIA
乐福鞋 / Gucci

黑、白配 No.2

在传统的黑、白配穿搭中,将看起来朝气蓬勃的T恤作为内搭

用灰色西装裤搭配白色开衫。配饰选择珍珠项链、与这身搭配完美合衬的黑色皮质手拷包、乐福鞋以及表带与手拷包同质地的手表,体现统一感。同时在开衫下内搭T恤混搭出休闲感。整体造型表现出自然而成熟的休闲风格。

开衫 / MACPHEE
T恤 / JOURNAL STANDARD
西装裤 / PLST
手拷包 / J&M DAVIDSON
乐福鞋 / Gucci

黑、白配 No.3

冬天就会想穿白色牛仔裤,为厚重的搭配带来一抹亮色

冬天的搭配造型容易给人一种沉重感,但配上白色牛仔裤就增添了明亮的光彩。再搭配宽松感十足的高领线衫。超大号款的落肩袖大衣非常好穿搭,即使内搭厚线衫也毫无压力。

大衣 / STUNNING LURE
高领线衫 / GALERIE VIE
牛仔裤 / 优衣库
手提包 / Hervé Chapelier
高跟鞋 / PELLICO
丝巾 / GALLARDAGALANTE

2

第二章

春季与夏季的
一衣多穿搭配法

———

将我想在春、夏穿着的搭配
与单品的一衣多穿法介绍给大家。
春天是我最想扮靓的季节。
春款夹克与长衬衫等单品
能令我享受到搭配清爽造型的乐趣。
夏天我喜欢裸色或棕色等颜色，
即使是露肤度高的衣饰也能穿出高贵与成熟之感。

SPRING

将帅气的夹克轻盈地
披在肩上，
通过配色与露肤度表
现女性妩媚的气质

米色与浅褐色的雅致配色
能避免看起来过于男性化

帅气的夹克配色十分协调，与
条纹针织衫和白色长裤组合在
一起，给人一种清爽的感觉。
我喜欢搭配超大号款的长款夹
克，将它轻披在肩上。

夹克、阔腿裤 / IENA
针织衫 / 无印良品
水桶包 / J&M DAVIDSON
丝巾 / Manipuri

》夹克的一衣多穿法

牛仔裤和运动鞋是经典的休闲单品,不过如果不选择点缀色,而选择与整身搭配相呼应的色调,再披上夹克,就能将这两件单品穿出成熟的感觉。内搭的打底衫选择复古方领的立体条纹线衫,混搭出女性的妩媚之感。

线衫 / BASEMENT online
牛仔裤 / 优衣库
水桶包 / Ayako
运动鞋 / 阿迪达斯

我最钟爱的双排扣风衣 + 蓝衬衫，选择长款衬衫让时尚度升级

　　双排扣风衣与蓝衬衫的组合是我万年不变的心头好。不过选择长款衬衫，在剪裁上稍作变化，就又能穿出不同于往日的新鲜感。在我想为整体搭配点睛、又不想使用点缀色时，就利用我归类于灰色系的银色配饰来发挥效力。

>> 脱掉双排扣风衣的造型

浅灰色立体条纹坦克背心将衬衫与肌肤衔接起来，虽然面积小，但起到了十分重要的作用，那就是将整体造型统一为成熟风。配饰选择棕色系、米色系，打造出层次感。

背心 / 无印良品
手提包 / CELINE
高跟鞋 / PELLICO
丝巾 / Manipuri

>> 双排扣风衣的一衣多穿法

在经典组合中加入艳丽的紫色，给人以新鲜感。说到点缀色，我觉得艳丽色比柔和色更带感、更具有成熟的韵味。选择艳丽色下装就不必担心显脸黄的问题，可以轻松尝试自己喜欢的颜色。

针织衫 / AURALEE
长裤 / IENA
水桶包 / J&M DAVIDSON
运动鞋 / 阿迪达斯

双排扣风衣 / Deuxieme Classe
长款衬衫 / Spick & Span
牛仔裤 / 优衣库
手拎包 / TOMORROWLAND
高跟鞋 / PELLICO
皮绳腰带 / Plage

利用条纹衫与红色芭蕾鞋的组合，享受法式优雅

利用条纹衫与红色芭蕾鞋的组合，将法式休闲的味道体现得淋漓尽致。还有一处小心机就是白色立体条纹短袜，使搭配不会流于平淡。佩戴珍珠耳环等奢华而高雅的首饰也是关键点。

山地派克短大衣 / MERI
针织衫 / AURALEE
牛仔裤 / Levi's
水桶包 / Chou Chou
芭蕾鞋 / SESTO
短袜 / 靴下屋

>> 山地派克短大衣的一衣多穿法

在山地派克短大衣内穿搭比它颜色更深些的摩卡米色针织衫，这样能体现出层次感。匡威的高帮帆布鞋也选择米色系，看起来与其他配饰更为协调。

针织衫 / 优衣库
半身裙 / nano universe

>> 山地派克短大衣的一衣多穿法

将立体条纹连衣裙穿出休闲感。整体配色统一选择浅色系——象牙色、米色与白色，给人一种温柔而亲切的印象。这样穿搭能使休闲单品看起来更具高级感。

连衣裙 / &. NOSTALGIA
手提包 / Hervé Chapelier
帆布鞋 / 匡威
丝巾 / Manipuri

富有仪式感的春款夹克
搭配休闲下装，看起来简练大方

夹克造型混搭卡其裤，穿出休闲感。如果选择渐变色或同一色来统一整体，就要在材质上加以区别，在下面的穿搭实例中分别都发挥了白色的强大效力，因此看起来不会单调，搭配起来富有层次感。

》夹克的一衣多穿法

夹克内搭开衫，开衫的纽扣系上，当作套头衫来穿，这样看起来就不会显得千篇一律，而是充满新鲜感。夹克与内搭开衫选择同一色系，或者在颜色上稍作变化，这样的组合绝不会出错。

开衫 / KOBE LETTUCE
工装裤 / Shinzone
高跟鞋 / PELLICO

》夹克的一衣多穿法

亚麻质地的夹克看起来十分庄重，而浅色半身裙则给人一种柔和的印象，将二者搭配在一起，就能缓和夹克的严肃感。立体罗纹线织半身裙不会太挑剔身材，选择下摆垂直、不包裹的剪裁会比较好穿。

夹克 / Plage
T恤 / 优衣库
长裤 / GU
水桶包 / J&M DAVIDSON
凉鞋 / PACO POVEDA
丝巾 / Manipuri

半身裙 / MERI
手提包 / CELINE
帆布鞋 / 匡威
丝巾 / GALLARDAGALANTE

我非常钟爱棕色和驼色，它们与艳丽色堪称绝配

将艳丽色与棕色、驼色搭配在一起，就能使整体造型表现出层次感。将绿色替换成紫色或红色等颜色，也一样可以完成高雅而成熟的点缀色穿搭造型。将点缀色以外的颜色统一为同一色系，就能一下子变得时髦起来。

》长裤的一衣多穿法

长裤是艳丽的绿色，如果和灰色组合在一起，能够使整体印象变得更加柔和，这样会比较好搭配。选择与内搭的无袖线衫颜色相同的开衫，能穿出套装的感觉。

无袖线衫、开衫 / MACPHEE
水桶包 / DONOBAN
运动鞋 / 阿迪达斯

》长裤的一衣多穿法

藏蓝色与绿色也很合衬。将端庄的藏蓝色西服小外套与充满趣致的绿色长裤搭配在一起，别有一番风味。而运动鞋配帆布包则为整体造型平添几分自然的放松感。

西服小外套 / GU
针织衫 / my clozette
水桶包 / Chou Chou

双排扣风衣 / Deuxieme Classe
线衫 / fifth
长裤 / IENA
手提包 / FENDI
高跟鞋 / SESTO
丝巾 / GALLARDAGALANTE

正是像衬衫与阔腿裤这样的经典搭配,
才更要讲究质地与剪裁

衬衫的剪裁很宽松且质地硬挺,留出最上面的两个扣子不扣,看似随意地穿着时,造型非常富有美感。阔腿裤的版型也很宽松,上下都很宽松时就要选择高腰裤,将衬衫扎进裤腰中衬托出腰线,这样造型就能提升一个档次。

衬衫 / MERI
阔腿裤 / Plage
手提包 / FENDI
高跟鞋 / PELLICO

》 长裤的一衣多穿法

在穿搭我最喜爱的米色与棕色时,我常常选择黄色作为点缀色。像这样的芥黄色与它们搭配在一起十分协调,既不会显得格格不入,也不会被抢去风头。

双排扣风衣 / Deuxieme Classe
线衫 / Spick & Span
手提包 / FENDI
运动鞋 / 阿迪达斯
丝巾 / GALLARDAGALANTE

》 长裤的一衣多穿法

抹胸 + 长裤往往给人一种孩子气的印象,所以要选择亚麻质地的抹胸套装,穿起来反而有一种端庄的气质。此外,内搭的立体条纹线衫也选择与套装同色款,能彰显出成熟之感。

线衫 / fifth
抹胸 / Plage
水桶包 / Liberty Bell
高跟鞋 / PELLICO

只需一件在手便可幻化出无数造型的长款衬衫是十分优秀的单品

初春季节,余寒未消。内搭一件高领线衫,就能轻松享受衬衫穿搭的乐趣了。更可搭配竹编包,领先于季节潮流。将衬衫下摆的纽扣解开几个,展示出起到视觉收缩效果的紧身牛仔裤。

≫ 长款衬衫的一衣多穿法

将长款衬衫的扣子解开,当作披衫来穿。条纹+丝巾的图案搭配使整身造型看起来端庄大方,具有统一感而不显凌乱。再通过珍珠项链与高跟鞋等配饰增添妩媚感。

针织衫 / AURALEE
长裤 / 优衣库
手提包 / CELINE
丝巾 / Manipuri

≫ 长款衬衫的一衣多穿法

将长款衬衫的扣子全部系上,当作宽松款的连衣裙来穿。不系腰带,打造出休闲感。将开衫披在肩上、袖子打结,这样能够使人们的视线集中在上半身,使整体造型得到进一步提升。

开衫 / Spick & Span
水桶包 / Liberty Bell
帆布鞋 / 匡威

长款衬衫、竹编包 / Chou Chou
高领线衫 / 无印良品
长裤 / 优衣库
高跟鞋 / PELLICO
皮绳腰带 / Plage

帽衫最容易穿出靓丽感，完美的白色给人一种干净通透的印象

休闲款帽衫与长裙的混搭很有味道。小碎花图案富有女人味，与休闲款单品搭配在一起，甜美度恰到好处。选择与帆布鞋、手提包同一色系的碎花长裙，就能给人以端庄、成熟的感觉。

》帽衫的一衣多穿法

将帽衫的帽子翻出来，放在藏蓝色西服小外套的领子外面，看起来平添几分俏皮之感。牛仔裙容易显得孩子气，因此要选择膝下10厘米左右的长度，并且要选择不紧绷的直筒款牛仔裙才不会出错。

西服小外套 / GU
牛仔裙 / SOMETHING
手提包 / FENDI
高跟鞋 / PELLICO
丝巾 / Manipuri
短袜 / 靴下屋

》帽衫的一衣多穿法

如果对白色帽衫的造型感到厌倦，可以尝试着在帽衫内搭配蓝色衬衫，带来新鲜感。其他服饰则选择乳白色、浅褐色和米色来统一视觉效果，这样能够衬托出作为点缀色的淡蓝色。

帽衫 / 优衣库
长裙 / MERI
竹编包 / Chou Chou
帆布鞋 / 匡威

衬衫 / 无印良品
长裙 / MERI
手提包 / CELINE
帆布鞋 / 匡威
丝巾 / Manipuri

熟女的牛仔夹克穿搭
必须有不露痕迹的休闲范儿

在连衣裙外套上超大号款的牛仔夹克。过于甜美的连衣裙会让人觉得有些土气，选择华夫格针织面料的连衣裙则给人一种成熟的休闲感。白色芭蕾鞋延长了白色打底裤的视觉效果，使腿更显修长。

》牛仔夹克的一衣多穿法

整身服饰统一选择冷色系。AURALEE的针织衫领口设计宽松并且带有白色镶边，看起来自然而柔和，剪裁亦十分简洁。仅凭这一件就能胜出。

针织衫 / AURALEE
长裙 / BASEMENT online
水桶包 / Chou Chou

》将牛仔夹克系在腰间的穿法

卡其与黑白的配色帅气又简洁，而系在腰间的牛仔夹克则平添几分休闲感。黑色牛仔裤与乐福鞋的搭配虽然看上去简单，但却能令人拥有独具个性的气场。

牛仔裤 / 优衣库
水桶包 / J&M DAVIDSON
乐福鞋 / Gucci

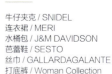

牛仔夹克 / SNIDEL
连衣裙 / MERI
水桶包 / J&M DAVIDSON
芭蕾鞋 / SESTO
丝巾 / GALLARDAGALANTE
打底裤 / Woman Collection

用条纹针织衫来增添休闲感,将卡其色单品穿出女人味和元气满满的感觉

利用皮绳腰带勾勒出腰线,并通过佩戴珍珠项链展现女性的妩媚感。在各式各样的裙装中,我最喜欢裙摆垂直落下不包裹的直筒剪裁长裙,别致得恰到好处。

≫ 条纹针织衫的一衣多穿法

如果上衣与裤子都选择了紧身款,可以将开衫披在肩上,起到集中视线的作用,使身体曲线不那么暴露。推荐搭配膝下部分为直筒的铅笔裤,不挑腿型。

披肩开衫 / KOBE LETTUCE
黑色牛仔裤 / 优衣库
手提包 / 菲拉格慕
高跟鞋 / PELLICO

针织衫 / AURALEE
衬衫、长裙 / &. NOSTALGIA
水桶包 / J&M DAVIDSON
帆布鞋 / 匡威
皮绳腰带 / Plage

≫ 条纹针织衫的一衣多穿法

棉麻混纺的长伞裙满满度假风,再搭上条纹针织衫恰到好处地增加休闲感。飘逸的裙摆配高跟鞋会显得有些夸张,我个人比较倾向于搭配帆布鞋,不加修饰的洒脱感刚刚好。

长裙 / &. NOSTALGIA
手提包 / CELINE
运动鞋 / 阿迪达斯
丝巾 / GALLARDAGALANTE

SUMMER

亚麻质地的长款下装看起来十分凉爽，
与"夏季出游"造型很合衬

在最喜爱的夏天
穿着卡其色，
再搭配自然感满满的
亚麻长裙

整身造型搭配白色凉鞋，看起来十分清爽。选择稍微带点棕色的卡其色，富有成熟的韵味。船领和五分袖的露肤度展现优雅气质。

针织衫 / IENA
长裙、水桶包 / RAZIEL
凉鞋 / PACO POVEDA

≫ 某个夏日里的 亚麻下装穿搭

无袖针织衫款式简洁、好搭，可以说是夏季里的全能型选手。亚麻质地的阔腿裤上的皱褶充满时尚感，同时也表现出跃动。我非常喜欢纯棉质地的休闲感与无袖衫清纯的露肤度集中在一件单品上带来的平衡。

——

无袖针织衫 / JUNGLE JUNGLE
阔腿裤 / RAZIEL
藤编包 / ELENDEEK
凉鞋 / GU
丝巾 / TOMORROWLAND

冷感风卡其色的连衣裙
是能穿出多种风格的出色单品

前身开襟系扣的棉麻混纺连衣裙，今天就只穿这一件单品，清爽无比。利用皮绳腰带衬托出腰线，展现女人味。冷感风卡其色+驼色+棕色是我非常钟爱的熟女范儿配色。

连衣裙 / DHOLIC
水桶包 / Liberty Bell
凉鞋 / PACO POVEDA
皮绳腰带 / Plage

≫ 连衣裙的一衣多穿法

将亚麻夹克披在肩上很适合夏季的职场造型。用粗腰带勾勒出腰线，这样能给人一种特别合身的感觉。再配上浅米色、米色的浅色配饰，即便是卡其色，也能穿出女人味。

夹克 / Plage
手提包 / CELINE
凉鞋 / GU
腰带 / ANAYI

≫ 连衣裙的一衣多穿法

将连衣裙的扣子全部解开当作马夹背心来穿。银灰色牛仔裤与黑色无袖线衫为卡其色连衣裙增添了几分帅气的感觉，使连衣裙展现出完全不同的韵味。

无袖线衫 / GU
牛仔裤 / upperhights
凉鞋 / PACO POVEDA
丝巾 / GALLARDAGALANTE

长款亚麻衬衫是属于夏天的素材，将袖子随意卷起是我最喜爱的穿法

选择夏天的经典配色，穿出度假风。T恤配短裤看起来可能有些装嫩，这身搭配令人觉得没把握……不过只要将长款衬衫披在外面，让色调具有层次感、增添成熟的韵味，就能轻松胜出。

>> **长款亚麻衬衫的一衣多穿法**

将扣子系上当作连衣裙来穿。为了使浅色看起来不显得臃肿，可以搭配蟒蛇纹凉鞋与首饰，起到视觉收缩的效果。再将芥黄色的开衫披在肩上、袖子打结，作为点睛之笔。

开衫 / IENA
水桶包 / RAZIEL
凉鞋 / GU

长款亚麻衬衫 / RAZIEL
T恤 / 优衣库
短裤 / 韩国邮购
藤编包 / RAZIEL
凉鞋 / CORSO ROMA 9
丝巾 / Manipuri

>> **长款亚麻衬衫的一衣多穿法**

在坦克背心与牛仔裤的休闲组合外，再套上一件长款衬衫，看起来十分飘逸。利用腰带与手提包、凉鞋等黑色配饰打造出帅气的感觉。盛夏时节穿着黑色皮质凉鞋也很酷。

背心 / 无印良品
牛仔裤 / 优衣库
水桶包 / Liberty Bell
凉鞋 / CORSO ROMA 9
皮绳腰带 / Plage

用气质华丽的棕色
使夏日的休闲风穿搭升级

夏天正是最适合穿棕色的季节。棕色 + 黄色也是我十分钟意的配色。只要选择颜色稍暗一些的芥黄色，搭配起来就能得心应手。最后再利用白色手提包和贝壳手镯等具有夏日风情的配饰，平添几分明媚的感觉。

≫ T 恤的一衣多穿法

搭配棉麻混纺的抹胸 + 长裤套装。如果一件单品在设计上别出心裁，就不必搭配点缀色，整身统一选择同色调的服饰。从象牙色到米色再到棕色的渐变不会显得孩子气，能展现出端庄的气质。

抹胸、阔腿裤 / Plage
手提包 / FENDI
帆布鞋 / 匡威
丝巾 / Manipuri

≫ T 恤的一衣多穿法

将丝巾缠绕在颈部能够增加优雅度。如果整体造型走甜美风格，再系丝巾会显得有刻意雕琢之感，所以要与牛仔裤和 T 恤搭配在一起！我很喜欢这种天然去雕饰的装扮，相辅相成取得平衡。

牛仔裤 / Levi's
手提包 / Hervé Chapelier
凉鞋 / CORSO ROMA 9
丝巾 / Manipuri

T 恤 / YOUNG & OLSEN
长裙 / &. NOSTALGIA
水桶包 / RAZIEL
凉鞋 / PACO POVEDA

亚麻质地的单品很容易选择米色，不如试试浅灰色带来的新鲜感吧

一说起亚麻材质，大家都很容易被米色系服饰吸引，不如尝试一下这样的浅灰色长裤搭配吧，会带给你无与伦比的新鲜感。为了避免腰部的松紧带设计看起来像睡衣，选择立体条纹等不同材质的上衣来搭配就OK了。

>> **阔腿裤的一衣多穿法**
上衣选择白色的前后大V领女罩衫，是既有洒脱感又有女人味的搭配。这件罩衫很有设计感也很引人注目，我推荐用它来为休闲单品增添奢华度。

罩衫 / BASEMENT online
手提包 / Banago
凉鞋 / PACO POVEDA
丝巾 / TOMORROWLAND

>> **阔腿裤的一衣多穿法**
我很喜欢这件绿色无袖衫，因为它的颜色不过分鲜艳，色调细腻而深沉。丝巾的配色中也有绿色，因此视觉上不显凌乱，非常有统一感。手表与凉鞋加入黑色元素，起到了恰到好处的视觉收缩效果。

无袖衫 / Plage
水桶包 / J&M DAVIDSON
丝巾 / TOMORROWLAND

无袖线衫、开衫 / IENA
阔腿裤 / Plage
水桶包 / RAZIEL
凉鞋 / PACO POVEDA
宽檐帽 / IENA

用黑、白、灰来统一
熟女范儿的打底裤穿搭

立体条纹线织连衣裙的宽松感恰到好处，不挑身材，并且要选择较长的款式最好。高开衩正好搭配裤装。这次我穿了立体条纹打底裤，走休闲风。

———

无袖连衣裙 / ur's
水桶包 / Chroniques by Delphine Delafon
凉鞋 / PACO POVEDA
打底裤 / Woman Collection

让我忍不住买下四件的同款不同色 790日元 GU品牌的无袖线衫

设计简洁的 V 领夏款线衫出镜率非常高,它比 T 恤和坦克背心更具有女性气质,因此我十分喜爱这款线衫。亚麻质地的吊带连衣裤很有休闲感,宽松的款式不会贴在皮肤上,非常适合夏天。

》无袖线衫的一衣多穿法

用我最钟意的直筒牛仔裤来做裤装 + 上衣的穿搭。牛仔裤的剪裁很出彩。由于整身造型简洁、休闲,所以才能将带有图案的丝巾作为点睛之笔衬托出来。

牛仔裤 / MERI
水桶包 / Ayako
凉鞋 / PACO POVEDA
丝巾 / UNITED ARROWS

无袖线衫 / GU
吊带连衣裤 / RAZIEL
手提包 / CELINE
运动鞋 / 阿迪达斯
丝巾 / Manipuri

》无袖线衫的一衣多穿法

只有简洁的无袖线衫才配得上这条只需一件就可以撑起场面的主角级长裙。其他配饰单品能多简单就多简单,统一选择黑白灰色系,完美衬托长裙的存在感。

长裙 / ELENDEEK
手提包 / RAZIEL

明艳色系单品的高级风穿搭，想在旅行时穿个够！

带一点蓝色调的紫色与绿色也很搭。虽然它与亲肤的纯棉材质上衣搭配在一起也不错，不过难得穿一次明艳的颜色，与绸缎质地的上衣搭配在一起，更能展现出奢华之感。通过上装与下装的不同材质将伞裙穿出个性来。

》伞裙的一衣多穿法

将上面一身搭配的上衣换成另一件，就能在旅行中也轻松享受穿搭的乐趣。自然垂坠的伞裙能够与各种质地的上衣搭配在一起，难以想象这么好穿的单品只需2000日元左右就能买到。富有垂感线条也非常雅致。

T恤 / YOUNG & OLSEN
丝巾 / Manipuri

》伞裙的一衣多穿法

这身搭配同样只更换上衣。将黑、白、灰与紫色搭配在一起，将熟女范儿装扮进行到底。选择与线衫的灰色稍微有些不同的灰色披肩开衫，打造出层次感。

开衫、无袖线衫 / MACPHEE

无袖针织衫 / ELENDEEK
伞裙 / BASEMENT online
手提包 / RAZIEL
凉鞋 / PACO POVEDA

看起来个性强烈的紫色
如果略带蓝色色调,
也能穿出成熟韵味

这身搭配的主角是紫色无袖线衫。其余单品全部统一选择米色系,给人一种端庄而沉稳的感觉。要选择带有紫色的花纹丝巾,这样能使整身装扮看起来更为协调。

无袖线衫 / Mila Owen
长裤 / IENA
手提包 / CELINE
凉鞋 / GU
丝巾 / Manipuri

用白色T恤随意搭配的盛夏夹克造型

优衣库"U系列"的白色T恤价格为1000日元（人民币百余元），不论是剪裁还是舒适度、材质都非常优秀，我一口气买了两件一模一样的。整体服装都统一选择休闲风格的，再利用米色与棕色配饰提升质感。

》》白色T恤的
　　一衣多穿法

白色T恤搭配工装裤是经典的休闲风组合，加入棕色配饰能够增添优雅度与高级感。选择黑色配饰则会显得比较酷，我觉得也是一个不错的选择。

开衫 / Plage
工装裤 / Shinzone
水桶包 / RAZIEL

》》白色T恤的
　　一衣多穿法

高腰阔腿裙裤非常有存在感，我想将它作为主角，因此只用T恤来做一个简洁的搭配。仿玳瑁耳环与竹编包等具有夏季风情的配饰可以加强视觉冲击力。

阔腿裙裤 / RAZIEL
竹编包 / Chou Chou
凉鞋 / PACO POVEDA

夹克 / Plage
白色T恤 / 优衣库
牛仔裤 / Levi's
手提包 / CELINE
凉鞋 / CORSO ROMA 9
丝巾 / Manipuri

优衣库的立体条纹线衫非常雅致，海军风穿搭是夏天的王道

藏蓝色＋白色是经典配色，在肩上披一件条纹衫就能美出新高度。简洁的优衣库无袖线衫样式大方美观，穿着又舒服，我已经穿了好几年了。我故意买大了两码，穿起来很宽松。

》》**无袖线衫的一衣多穿法**

略微有些高腰、裤腿稍长些，并且大腿围处有些喇叭型的宽松款短裤，即使是成熟女性也能轻松尝试。将同色线衫披在肩膀上，以免显得脚重头轻。

开衫 / MACPHEE
短裤 / 韩国邮购
水桶包 / RAZIEL
凉鞋 / Havaianas

》》**无袖线衫的一衣多穿法**

在无袖线衫内叠穿一件坦克背心。在上衣与工装裤之间加入一抹白色，就能显得更为别致。这身搭配的配色偏男性化，因此需要无袖线衫与高跟凉鞋的露肤度来调节平衡。

背心 / 无印良品
工装裤 / Shinzone
水桶包 / Ayako

无袖线衫 / 优衣库
针织衫 / AURALEE
阔腿裤 / Plage
手提包 / CELINE
凉鞋 / PACO POVEDA

Chapter 3

第三章

通过配饰
提升时髦度

——

我们将在这一章中介绍
混搭造型中必不可少的
首饰、包包与鞋子的搭配。
在维持造型平衡的同时,
使它看起来更完美。

服装越简单,首饰就越要大,我喜欢独具个性的饰品

我曾经非常喜欢"金色系"与"银色系"的饰品,
常常佩戴成套的金色首饰或银色首饰,
不过最近我爱上了混搭休闲风。
我既喜欢值得珍藏一生的贵重首饰,
也喜欢在网上等处购买的平价饰品,不偏不倚地搭配它们。

#耳环

1 银质椭圆形耳环 / Salt、
2 玳瑁纹 / Plage、
3 玳瑁纹配黑色天然石 / ALEXANDRE DE PARIS、
4 米色贝壳风格 · 8 白色贝壳风格 / 均为 Dominique Denaive、
5 金色流苏 · 6 四颗珍珠 · 7 三颗珍珠 / 均为 JUICY ROCK、
9 玳瑁纹配白色天然石 / Spick & Span

我很少佩戴项链,因此常将耳环作为点睛之笔。仿玳瑁耳环与贝壳耳环等能够吸引人的视线,我喜欢这样的材质,常常佩戴。我也收集了许多百搭的珍珠款耳环,以及能够轻松与服装融为一体的金色或银色耳环。我十分注重的一点是,即使服装搭配简约,脸周也要表现出华丽感。

1 金色手镯·5 银色手链·6 银色链状手链／均为 PHILIPPE AUDIBERT、2 花纹不同的三枚手镯套装／CATHS、3 皮质手镯／MAISON BOINET、4 银色手镯／FONTE、7·8 手表／均为卡地亚

手镯&手表

手腕是自己也可以看到的地方，因此精心装扮能够带来好心情。特别是在穿短袖的季节，应佩戴贝壳、木头、石头等纹样的手镯，将充满夏季元素的不同材质叠搭在一起，看起来绚丽多彩。如果首饰穿摘不方便，很快就会懒得戴，所以最好选择方便穿摘的款式。我选择的两块手表都是设计简约、好搭配的样式。

1 四层金色戒指·2 银色几何状戒指·4 两层银色戒指／均为 PHILIPPE AUDIBERT、3 银色戒指／DRESS、5 五颗珍珠／TASAKI

戒指

我的手指"骨节"较大，不适合佩戴奢华风格的戒指。所以我很自然就会选择宽大、有厚度的指环。加上婚戒，两只手一共佩戴两三枚比较合适，比如一只手佩戴两枚，或是两只手各佩戴一枚等，根据当天的心情随意搭配。戒指越华丽，就越要用素色的指甲油，比如烟色等。

[basic] 基础款

耳环／9、手表／7、手链／6、戒指／3·4

这是我最近最爱戴的一套首饰。皮质表带的手表就不要搭配皮质手镯了，应该选择金属材质的手镯。耳环的花纹能给人留下深刻的印象，但是色调属于基础款，因此很容易与其他饰品产生冲突。这样的情况搭配金色＋黑色配色的手表，看起来就会很协调。

[pearl] 珍珠款

在穿搭得过于男性化或过于休闲时，珍珠饰品能为搭配带来优雅感，增添女性的韵味，它是首饰中重要且有效的一员。三颗珍珠的耳环、五颗珍珠的戒指等，我选择的都是辨识度很高的款式。虽然珍珠不大，但极具设计感，非常亮眼。

耳环／7、手表／7、手链／6、戒指／4·5

[gold] 金色款

耳环/5、手表/8、手镯/3、戒指/1

金色饰品与我的肤色搭配很协调，我喜欢具有成熟气质的金黄色。金色饰品与珍珠饰品一样，在强调女性气质时非常好用。我觉得象征奢华的金色有时会过于"土豪"，所以就我个人来说，我倾向于选择别具匠心的款式。

[summer] 夏季款

不知为什么，一到夏天，我就总想佩戴一些天然色调和材质的饰品。仿玳瑁、天然石、贝壳风格……这些材质会给人留下深刻的印象，视觉冲击力更强。虽然这套搭配所有饰品的材质都不同，但由于统一选择灰色与米色色调，所以看起来很协调。

耳环/4、手表/8、手镯/2、戒指/4

想在甜美精致的造型中加入一些休闲元素时,可以利用运动鞋。就像阿迪达斯的"Stan Smith"一样,底色是白色、没有过多颜色和图案的样式很百搭,我强力推荐。除此以外,如果是矮帮帆布鞋,那对于穿着者的下装长度、松紧几乎是没有要求的。如果不想显得过于休闲,选择低帮帆布鞋比选择高帮帆布鞋更明智。

point 运动鞋的时髦穿法

硬要和短袜搭配倒也还 OK,不过如果你放松警惕,想着反正也露不出来太多就无所谓了……那就会一下子暴露出土气来,这是运动鞋的一个缺点。光脚穿运动鞋看起来比较时尚,所以我会搭配米色的打底裤袜。搭配瘦腿裤款式既能解决腿部水肿问题,还不易脱丝,搭配高跟鞋或芭蕾鞋也毫无压力。我比较推荐无印良品和福助的产品。

挑选熟女风格的运动鞋

由左至右依次为:白色运动鞋 / 阿迪达斯、米色·棕色·黑色帆布鞋 / 匡威

point 平底鞋也能凹造型

选择与鞋同色的裤子能够拉长腿部线条!即便是平底鞋看起来也毫不逊色。

下一页的两双平底鞋的穿搭示例全部都是鞋型方正、鞋头较尖的款式,可以使足部显得十分修长。如果短靴的鞋跟过细,看上去总会有些死板,从某种程度上来说还是粗跟短靴穿起来更不容易出岔子。我可以毫不犹豫地说,高跟鞋中最百搭的就是烟色高跟鞋。不论是搭配冷色还是搭配暖色都很合衬,既不会太平庸也不会显得太突兀。即便是带图案的高跟鞋,只要是像这双蟒蛇纹高跟鞋一样,选择基础色,就可以当作米色来穿。

五双基础款,使穿搭范围更加广泛

由左至右依次为:乐福鞋 / Gucci、凉鞋 / PACO POVEDA、短靴、蟒蛇纹高跟鞋、烟色高跟鞋 / PELLICO

#1
短靴 + 阔腿裤
这种搭配的窍门在于靴子与长裤的裤脚要无缝衔接。鞋筒相对来说较短的短靴,搭配七分裤、长裙等也十分方便。

#2
高跟鞋 + 短袜
只要加双短袜就能体现出时尚感了。选择与高跟鞋色调相近的短袜,会显得既精致又协调。

#3
凉鞋 + 短袜
我喜欢用灰色短袜或白色短袜来搭配鞋子。选择比鞋子略浅一些的同色系短袜就能搭配得很好。

#4
运动鞋 + 短袜
寒冷的日子里,足部需要保暖。短袜选择作为中间色的灰色,打造成熟的休闲气质。我也十分推荐用与运动鞋同色的短袜来搭配。

#5
短靴 + 透明灰色连裤袜
黑色连裤袜也不错,但由于颜色太接近靴子,有时显得很沉闷。透明灰色连裤袜则给人一种自然而柔和的印象。

#6
芭蕾鞋 + 短袜
这样的搭配平添几分甜美之感。白色短袜十分吸睛,是点睛之笔。为了衬托短袜,要搭配牛仔裤等休闲风格的裤装。

#7
乐福鞋 + 打底裤
没有开衩的简洁款打底裤是乐福鞋的好伙伴。裸露的脚踝感觉很自然。

#8
高跟鞋 + 开衩打底裤
搭配高跟鞋时,后开衩的打底裤比侧面开衩的打底裤更合适。较长的款式穿起来更可爱,因此我在穿着时会尽量让裤脚往下一些。

point
穿着打底裤时的注意事项!
如果和厚重的鞋子搭配在一起会显腿粗,所以要搭配高跟鞋或芭蕾鞋,或是能看见脚踝的乐福鞋等,也就是说,露出脚背和脚脖子来会比较好看。

选择非点缀色手提包

虽然亮色系的包包也挺好看,但说到底,能让穿搭得到升华的还是这些基础色的包包们。我一般不会根据包包来搭配衣服,而是在搭配完衣服后再考虑利用包包增添怎样的效果。黑色能起到视觉收缩的作用,白色能增加明亮度,如果想使造型更加协调,就选择灰色或米色。在同色系服装的搭配,以及搭配颜色醒目的衣服时,都可以选择棕色包包,这是有深度而独一无二的搭配方式。对我来说,棕色是非常有用的颜色,有时能达到点缀色的效果。

由左至右依次为:米色手提包 / CELINE、棕色·灰色手提包 / FENDI、黑色白色水桶包 / J&M DAVIDSON

玩的是材质而不是颜色

由左至右依次为:藤编包 / Banago、蟒蛇纹水桶包 / Chroniques by Delphine Delafon、透明水桶包(附有羊羔绒内胆)/ &.NOSTALGIA、透明水桶包(附有内胆)/ Liberty Bell

虽说如此,我也不是老背一些方方正正的包包。包包要走在季节前面,它是简洁风穿搭的点睛之笔。虽然在颜色上我不会冒险,但在材质和花纹上,我很享受变化无穷的乐趣。人造皮草包、藤编包、透明包、压花图案的包包……服装是有许多身材条件限制的,但是包包则可以随心所欲地尝试。基础色调的包包好搭配,我常常使用它们,不会使人厌倦,这一点也非常讨喜。

point
配饰是能够
领先于季节的单品

初秋时节,残暑未消,用简约的针织衫搭配人工皮草包,领先于季节潮流。粗棒针线衫与夏款鞋的混搭只有在换季时才能实现,反季穿衣也很有乐趣。
手提包 / Mila Owen

#皮绳腰带

我最近买了不少长衬衫和长罩衫,所以在穿着时常利用皮绳腰带来突出腰部曲线。只要将腰带随意地系在腰上就可以,还能起到提高腰线、拉长腿部线条的效果。纤细的皮绳不会太显眼,能恰到好处地为整体造型增添几分韵味,因此比粗腰带更好搭配,还能够防止造型看起来千篇一律。

皮绳腰带 / Plage

系法

1. 将腰带对折,系在腰上。
2. 将腰带的两头穿过对折的那一端。
3. 用左手捏住腰带两头,从腰带下方穿过。
4. 将腰带两头再从圈中穿过去。
5. 完成啦!

让你与众不同,时尚配饰来加分

#丝巾

过去我常用丝巾来搭配精致甜美的单品,一味追求高大上。但现在我通常将它作为休闲装扮的调味品,使用起来更加得心应手了。看起来不太显眼的丝巾使用频率较高,像是米色与象牙色。我当下的穿衣之道是:比起使用点缀色,更喜欢使用能与整体搭配融合在一起的颜色,以此为底色再加一些图案的丝巾,更能衬托出造型的层次感。

丝巾 / Manipuri

系法

1. 一只手拿住丝巾的一角。
2. 搭在手提包拎手的两侧,内侧的丝巾长度留短一些。
3. 用短的一头搭在长的那一边上,在★处交叉打结。
4. 将短的一头折一下,穿过圈然后收紧。
5. 完成啦!

根据用途提前将配饰分成组，
就不必为怎样搭配而苦恼

在不知道如何搭配配饰时，有一条最简单的原则，就是统一包包与鞋子的颜色。
进一步再考虑，这身衣服是要穿去工作还是带孩子逛街？你想展现怎样一种风格？
如果提前将配饰按用途分组，就能防止万一要穿着、佩戴时手忙脚乱地搭配不好。
即便是同一身上衣+下装的搭配，只要改变配饰，就能够给人焕然一新的感觉！

PART 1　牛仔裤 + 衬衫

利用棕色高跟鞋与手提包展现出深度，成熟风格的、带有 LOGO 的 T 恤不会显得过于休闲。本白色的 T 恤可以避免整体造型过于甜美。

休闲度…50%

棕色套装

棕色组合看起来很沉稳，为休闲单品增添了些许成熟的气息。
手提包 / FENDI、高跟鞋 / SESTO

即便是休闲元素配饰，只要选择黑色，就能起到视觉收缩的效果，穿出精致的感觉。我也很喜欢在男友风衬衫里内搭一件高领衫。

休闲度…80%

带小朋友外出套装

斜跨式水桶包能够解放双手，健步如飞的帆布鞋是辣妈们强有力的好伙伴。水桶包 / Ayako、帆布鞋 / 匡威

将衬衫的一边肩膀拉下去一点，穿出慵懒的感觉，也平添几分俏皮。再选择偏正装一些的高跟鞋与手提包单品，以免整体造型看起来显得散漫。

■ 休闲度…40%

全能型高级套装

灰色＋烟色是雅致的全能型套装，在随意感较强的搭配中能起到视觉收缩的效果。属于百搭款。手提包 / FENDI、高跟鞋 / PELLICO

如果上衣与下装都是淡蓝色的，白色配饰就能大显身手了。休闲感十足的牛仔裤，配上白色配饰套装和若隐若现的蕾丝边坦克背心，甜美得恰到好处。

■ 休闲度…20%

白色套装

白色能衬托出恬淡而纯净的气质。白色套装可以用来为整体穿搭增添几分明快的气息。水桶包 / J&M DAVIDSON、凉鞋 / PACO POVEDA

PART 2 锥形裤 + 白色开衫

淑女风点缀色套装

不要选择粉色,而选择接近于深紫色的莓果色,这是属于熟女的点缀色。挎包 / &. NOSTALGIA、高跟鞋 / NEBULONI E

莓果色包包配上高跟鞋,满满的女人味。这时应搭配样式简洁、干练的基础色服装,更能衬托出配饰的色彩。

休闲度…20%

如果整体造型的感觉偏向于正装,可以搭配运动鞋来增加休闲感。用中间色灰色来协调白色与米色,衬托高雅的气质。

休闲度…70%

混搭风休闲套装

搭配休闲单品时,要选择不那么显眼的柔和颜色来搭配,这样才会显得比较成熟。手提包 / FENDI、运动鞋 / 阿迪达斯

将西服夹克披在肩上，打造职场女性的干练形象。选择深沉的颜色和给人端庄感觉的配饰，衬托出知性而高雅的气质。

休闲度…10%

工作套装

方方正正的手提包搭配蟒蛇纹高跟鞋，十分帅气。高跟鞋展现出女性的妩媚之感。手提包/菲拉格慕、高跟鞋/PELLICO

用黑、白、灰色调打造男性化造型。将皮质乐福鞋与透明包包这两种不同材质的单品搭配在一起，是为了让整体风格不显得过于死板。

休闲度…50%

绅士风套装

黑、灰两色的搭配显得非常霸气。但羊羔绒材质的水桶包内胆又增添了几分柔和。水桶包/&.NOSTALGIA、乐福鞋/Gucci

column 1 优衣库单品的

一衣多穿搭配大全！31 天

我从优衣库的上衣、下装中精心挑选出 16 款单品，全都是非常适合一衣多穿的搭配！下面我将向大家介绍整整一个月的穿搭示例。

※ 手提包、鞋子、丝巾等配饰除外

春夏篇

大衣

我选择了卡其色双排扣风衣，既有韵味又沉稳，以及冰灰色牛仔夹克，不会显得过于休闲。我鼓起勇气舍弃了这两件单品各自的经典配色，而选择了卡其色和灰色，希望能穿搭出全新的风格。这是只有平价单品才能达成的挑战。

衬衫

经典款条纹衬衫是优衣库的明星单品，只需轻松穿这一件，就能穿出强大的气场来。由于衬衫是宽松的款式，所以在衬衫内还可以叠搭其他衣物。亚麻材质的长款衬衫我一个颜色买了一件，既百搭又极具新鲜感。除了熟女范儿的高雅色调，柔软的穿着感受也非常棒。

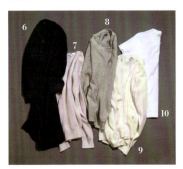

上衣

夏款线衫我选择富有春夏气息的淡粉色，以及白色开衫。常被用于叠搭穿着的夏款针织衫，则选择灰色的圆领款以及藏蓝色的长款。每一件上衣在款式上都有其独特的变化。优衣库"U 系列"的明星单品——1000 日元（人民币百余元）的 T 恤，我选择的是白色 M 号。

长裙

浅紫色色调的长裙穿起来比较显成熟，不会过于可爱。直筒型剪裁的白色弹力长裙很容易搭配出具有夏季风情的造型，是百搭款单品。这两款长裙都不会让人觉得甜美过头，因为我选择的都是休闲材质和裙长较长的款式。

优衣库
单品搭配
31 天

day 1/31

2 + 10 + 15

这身双排扣风衣的穿搭可谓是经典造型了。只要选择卡其色的双排扣风衣,就能展现出既干练又潇洒的气场。

这些是用来搭配服装的配饰!

配饰我选择了白色、米色和黑色这三种颜色,比较好搭配。虽然这三种颜色都是基础色,但是在款式和风格上可供选择的范围更广泛,搭配起来充满乐趣。包包和鞋子基本上用同一色系的单品配成套。白色丝巾是打造高级感的利器。

裤子

优衣库的阔腿裤是许多人还没有留意到的优秀单品,无论是剪裁还是舒适度都出类拔萃,我选择的是基础款的藏蓝色。还有两款长裤分别是颜色百搭、裤型也好看的高腰蓝色牛仔铅笔裤,以及工装裤,这两条裤长裤都是优衣库的经典单品。最后是新推出的经典单品——立体条纹打底裤。

day 6/31	day 7/31	day 8/31
2+5+14	7+11	1+4+13
长款衬衫+立体条纹打底裤搭配短外套也十分合衬。整体色调选择很有格调的暗色，打造出轻松随意的休闲造型。	今天我要独自外出。粉紫色组合充满了春天的气息，再搭配上黑色配饰和短袜+凉鞋，就不会显得过于甜美了。	这身春季穿搭整体都选择了非常有格调的颜色。用丝巾与高跟鞋强调女性的妩媚，以免显得过于男性化。

day 9/31	day 10/31	day 11/31
9+10+15	6+15	8+10+14
这身搭配是我在咖啡馆编写图书时穿的休闲造型。灰色+米色的配色给人一种沉稳的感觉，再搭配上蟒蛇纹高跟鞋，可以起到视觉收缩的效果。	长款上衣搭配牛仔裤的造型显得十分简练，带图案的丝巾则增添了几分精致感。清爽的配色令我充分享受到春天的乐趣。	舒适度满分的T恤与夏款线衫搭配，再加上直筒牛仔裤，打造出休闲的感觉。配饰统一选择米色且具有高级元素的单品。

day 12/31

6
+
11

day 13/31

1
+
5
+
12

day 14/31

6
+
13

一家人外出时的装扮。舒适度满分的华夫格针织长款上衣搭配柔美的长裙,不仅方便活动,看起来也十分精致。

条纹衬衫使职场女性气场全开。再叠穿上冰灰色牛仔夹克,增添些许休闲感。

华夫格针织长款上衣穿起来十分舒适,再搭配上立体条纹打底裤,即使需要一整天坐在写字台前工作,也不会有任何不适。利用丝巾增加正装感,以免整身搭配看起来像家居服。

day 15/31

day 16/31

day 17/31

7
+
16

5
+
6
+
12

5
+
9
+
16

脱下高跟鞋,一家人外出游玩。只要穿上阔腿裤,即使搭配平底鞋也能显腿长。在放松但又想好好打扮的周末,阔腿裤是不可缺少的单品。

在咖啡馆写作时,系在腰间的衬衫能够调节体温,以防吹空调吹感冒。鞋子选择帆布鞋,工作结束后可以接孩子一起去公园玩耍。

将前面的配色上下置换一下。条纹衬衫与阔腿裤的搭配看起来十分帅气,而肩上披着的白色开衫则是增添柔美之感的点睛之笔。

day 18/31

day 19/31

周末陪伴孩子们尽情玩耍,藏蓝色+蓝色是我最喜爱的休闲装扮。在长款上衣里面叠穿一件衬衫,会显得脸色更加明亮。

优衣库
单品搭配
31天

day 21/31

7
+
10
+
15

5
+
6
+
15

今天我因为工作不断奔波在路上。正值梅雨季节,天气阴冷,在这样的日子里穿上淡粉色线衫,让心情也变得轻快起来。

day 20/31

4
+
12

将长款衬衫的下摆扎进裙腰,当作短上衣来穿。卡其绿+黑、白色调的配色虽然看起来休闲感十足,但却有种成熟的帅气。

清爽的条纹衬衫搭配飘逸的长裙。看起来有些甜美过头了?没关系,用黑色帆布鞋标榜自己的个性,甜美与酷感兼容并包。

071

day 26/31

4
+
13

Day8 穿搭的夏日版本。长款衬衫搭配立体条纹打底裤是现在的潮流。皮绳腰带起到了点睛的作用。

day 27/31

9
+
12

在面对全身上下都是纯白的搭配时，米色配饰就可以大显身手了。白色与米色的配色给人一种正装感，但上下装的材质也很休闲。这样穿着起来不会感觉拘束，工作时也能很放松。

day 28/31

3
+
10
+
12
+
13

将长款亚麻衬衫的扣子全部解开，当作披衫来穿。白色T恤和白色长裙无缝衔接，看起来就像一条休闲风格的连衣裙。

day 29/31

5
+
14

开会时的这款造型既有正装感，又能在炎炎夏日里带来一丝清爽。单穿一件衬衫令我能够精神饱满地投入工作中。

day 30/31

3
+
11

垂感十足的亚麻衬衫穿起来非常舒适，再搭配上飘逸柔美的长裙，就能凉爽地度过炎炎夏日！蟒蛇纹高跟鞋和墨镜为裙装增添了帅气的感觉。

day 31/31

10
+
14

简练的T恤+工装裤是我最钟爱的夏日搭配。整体造型随意而洒脱，我也非常喜欢用配饰为这套搭配增添几分高级感。

073

4

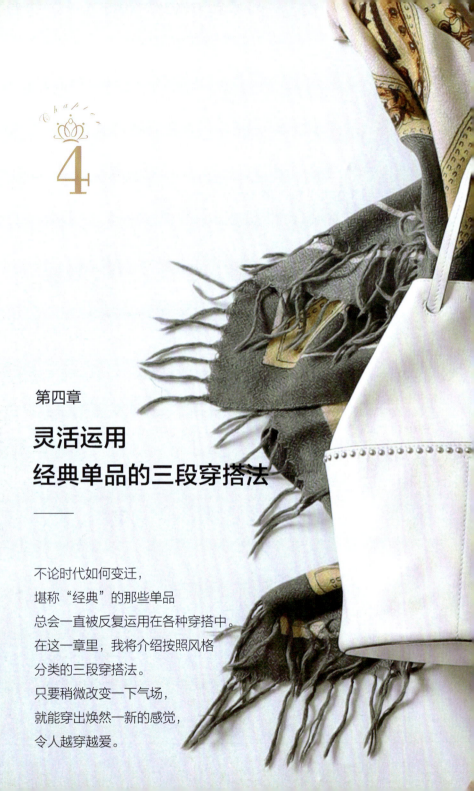

第四章

灵活运用
经典单品的三段穿搭法

———

不论时代如何变迁,
堪称"经典"的那些单品
总会一直被反复运用在各种穿搭中。
在这一章里,我将介绍按照风格
分类的三段穿搭法。
只要稍微改变一下气场,
就能穿出焕然一新的感觉,
令人越穿越爱。

永恒的经典——藏蓝色西服小外套
穿搭要诀在于避免过于正式的感觉

传统派精致风

藏蓝色＋灰色＋白色是我非常喜欢的配色，用这套配色来穿搭藏蓝色西服小外套。出人意料地搭配上帆布鞋，避免过于正式的感觉。选择白色的配饰能够增添明快、洒脱之感。内搭线衫也选择藏蓝色，与外套一致，这样会显得更高级。

五分袖线衫 / BASEMENT online
长裤 / PLST
手提包 / FENDI
帆布鞋 / 匡威
丝巾 / GALLARDAGALANTE

standard item

navy blazer #1

＋ 西装裤

为了使藏蓝色西服小外套与任何一款下装都搭，最好选择衣长较长的款式，并且我还建议选择宽松一些的款式，这样里面就可以叠穿各式各样的内搭，一衣多穿也毫无压力。GU 的藏蓝色西服小外套只需 3990 日元（人民币两百余元）就能入手。与此相比，它的品质物超所值，每次穿着都能带来愉悦感。GU 的西服小外套剪裁十分好看，我很喜欢，所以我还购入了其他几件不同颜色或不同款式的，如葛伦格纹的、黑色的，等等。

西服小外套 / GU

高级海军风

整身搭配统一选择藏蓝色与黑色,再恰到好处地用白色配饰进行点缀,在穿搭中使用一件红色单品作为点睛之笔,增添些许妩媚与可爱。穿着条纹衫时,我喜欢配上奢华感十足的珍珠耳饰。

休闲混搭风

藏蓝色+棕色的配色充满了高级感。我喜欢利用西服小外套与阔腿裤的组合打造出帅气的气质,再通过丝巾与高跟鞋增加高雅的女性气质。丝巾也特意选择棕色系,看起来与整体搭配非常协调。

+ 条纹针织衫

+ 灯芯绒长裤

针织衫 / THE NEWHOUSE
牛仔裤 / 优衣库
水桶包 / J&M DAVIDSON
芭蕾鞋 / SESTO
短袜 / 靴下屋

长裤 / IENA
手提包 / FENDI
高跟鞋 / PELLICO
丝巾 / Manipuri

简单的上衣 + 下装也能穿出范儿，<u>浅蓝色牛仔裤</u>

blue denim

+ 款式简洁的针织衫

standard item #2

熟女范儿基础穿搭

款式简洁的针织衫看起来平平无奇，如果与链条包搭配在一起会怎样呢？服饰整体给人一种很酷的印象，再搭配上与这种印象正相反的芭蕾鞋，甜美与帅气交织在一起。整体搭配统一选择黑白配色，看起来十分洒脱，这样也更能衬托出牛仔裤简约大气的气质。

针织衫 / AURALEE
链条包 / 香奈儿
芭蕾鞋 / SESTO
丝巾 / Manipuri

我最近常穿这条二手的 Levi's501 系列牛仔裤。它能打造出古着（指二手服装）特有的简约气质，因此只要和款式简洁的上衣搭配在一起，造型的完成度就很高。不论是与中间色搭配还是与点缀色搭配，都非常合衬。高腰裤型与恰到好处的直筒剪裁使腿部看起来显得更加细长。再与芭蕾鞋、贝壳风格的首饰等可爱单品混搭，乐趣多多。

牛仔裤 / Levi's

我最爱的经典配色

驼米色+浅蓝色牛仔裤一直以来都是我最钟爱的组合。米色所具有的雅致感与牛仔裤的洒脱感混搭在一起，有种妙不可言的韵味。随意地裹上披肩，打造出层次感，能使气质显得更加洒脱。

永恒的理想风格

清爽地穿着白衬衫+浅蓝色牛仔裤是我永恒不变的理想。将与牛仔裤颜色深浅差不多的薰衣草紫色的线衫当作点缀色。这样一来整体搭配就显得柔和而协调，最后再搭配上灰色手提包，起到视觉收缩的效果。

+ 米色线衫

+ 白衬衫

开衫 / KOBE LETTUCE
水桶包 / J&M DAVIDSON
芭蕾鞋 / SESTO
披肩 / Cashmee

衬衫 / Plage
开衫 / KOBE LETTUCE
手提包 / FENDI
高跟鞋 / PELLICO

双排扣风衣充满职业女性的气质，
为我打造出高级休闲风

穿得简单一些

纯棉针织衫与黑色牛仔裤是再简单不过的搭配了，但只要把风衣的腰带系上，就能给人一种端庄的感觉。带有图案的披肩正适合用来搭配这身简练的服饰。

针织衫 / AURALEE
牛仔裤 / 优衣库
水桶包 / J&M DAVIDSON
运动鞋 / 阿迪达斯
披肩 / Manipuri

standard item
#3 trench coat

+ 直筒款 黑色牛仔裤

同藏蓝色西服小外套一样，选择衣长较长、较为宽松的风衣更为百搭。初秋时节，可以将风衣洒脱地披在针织衫外；寒风刺骨时，可以在风衣内搭穿帽衫或夹克，就算到了冬天；也可以在风衣内穿上羽绒内胆，一件风衣能穿好几季。我选择的这款风衣略带一些恰到好处的正装感，是百搭的优秀单品，能穿搭出各种风格。系上腰带啦、挽袖子后留下的褶皱啦，都能给人一种洒脱的感觉。

双排扣风衣 / Deuxieme Classe

王道法式优雅风

这身组合令人联想起巴黎女郎，堪称王道。整体造型给人一种休闲的感觉，但上衣敞开的前襟部分洒脱而自然地展现出露肤度。在穿搭中，至少要加入一件强调女性气质的单品。

混搭风格

衣长较长的双排扣风衣能轻松搭配各式各样的下装。百褶裤的喇叭口裤腿十分可爱，气质与风衣的正式感正相反，二者混搭在一起恰到好处。整体搭配采用同一色系的暖色，给人一种温暖的感觉。

＋ 条纹针织衫

＋ 百褶裤

针织衫 / THE NEWHOUSE
牛仔裤 / Levi's
手提包 / Ayako
乐福鞋 / Gucci

针织衫 / AURALEE
百褶裤 / Chou Chou
手提包 / FENDI
高跟鞋 / PELLICO

挑选白衬衫时必须有放松的休闲感

单色穿搭

白衬衫＋阔腿裤的清爽组合。棕色手提包与棕色高跟鞋很有味道，使整体搭配不会显得轻飘飘的。厚重的首饰更能衬托出白色服装的纯净之感。

阔腿裤 / Plage
手提包 / FENDI
高跟鞋 / SesTO
披肩 / Manipuri

standard item #4

＋
本白色
阔腿裤

白衬衫如果搭配得不好往往会变成工作服，越是简洁的款式越难出彩，因此我想在剪裁与材质上出奇制胜。Plage 的百分百纯棉衬衫非常轻软，与拘谨的衬衫相比更容易轻松地穿着。不论与何种材质的服装搭配在一起，都没有违和感，并且其落肩袖与 Oversize 的设计能够美化身体曲线，打造出洒脱的气质。

衬衫 / Plage

经典升级款

即使是终极的经典组合,只要花点心思,也能穿出新意来。宽松样式的衬衫搭配偏向于高腰款的直筒水洗牛仔裤。看起来不会显胖,又能展现出奢华感,提高腰线还可以起到拉长腿部线条的作用。

酷美混搭风

机车夹克给人一种硬朗的印象,与白衬衫、长裙组合在一起就变成了充满女性气质的混搭范儿。再选择奢华感十足的珍珠与银质首饰作点缀,增添些许雅致之感。

＋ 水洗牛仔裤

＋ 机车夹克

牛仔裤 / MERI
手提包 / 菲拉格慕
高跟鞋 / AmiAmi
丝巾 / Manipuri

机车夹克 / Rihanna
长裙 / &. NOSTALGIA
手提包 / Hervé Chapelier
帆布鞋 / 匡威

无论搭配高跟鞋还是搭配平底鞋都毫无压力的九分小脚裤

休闲风格

白色针织衫与帆布鞋有种洒脱而自然的感觉。这身穿搭中都是经典单品，但匡威帆布鞋独特的色调与透明水桶包增强了时尚度，搭配出了新意。

针织衫 / AURALEE
水桶包 / Liberty Bell
帆布鞋 / 匡威

＋
白色针织衫

standard item
#5
tapered pants

黑、白、灰色调与冷色系的牛仔裤已经有很多条的话，这时如果入手一条小脚裤，特别是选择看起来暖意十足的驼米色小脚裤，在搭配时配色范围就能宽广许多。弹力裤对于腿部线条很挑剔，一般说来我不太喜欢，但PLST的弹力小脚裤裤型非常好看、弹性也很大，因此我十分推荐。

小脚裤 / PLST

搭配同色系上衣

橙棕色线衫与小脚裤的色调搭配在一起构成渐变,给人以成熟的感觉,十分好看。再搭配上白色配饰,与服装形成对比、相互映衬。加上丝巾还可以增添独特的韵味。

＋ 橙棕色线衫

线衫 / Spick & Span
帆布挎包 / 爱马仕
芭蕾鞋 / SESTO
丝巾 / GALLARDAGALANTE

搭配撞色

藏蓝色与橙棕色组成的撞色富有层次感。再搭配上带有深蓝色的丝巾,统一整体造型的色调。藏蓝色给人以知性的印象,棕色手提包与棕色高跟鞋则能展现出高雅的气质。

＋ 藏蓝色线衫

线衫 / Spick & Span
手提包 / FENDI
高跟鞋 / SESTO
丝巾 / Manipuri

冬季千篇一律的穿搭也能一招定胜负，黑色高领线衫是最棒的助攻

女性气质

与裙长较长、偏向于包身裙的雅致长裙组合，感觉十分干练。通过裙子的长度与色调来提升时尚度。垂感性强的长裙也不错，这样的款式具有美化身体曲线的效果。再搭配上帅气十足的配饰作点缀。

包身裙 / nano・universe
水桶包 / Chroniques by Delphine Delafon
高跟鞋 / PELLICO

black turtle

standard item #6

＋ 包身裙

在我之前所出版的两本作品中，这款线衫都曾经亮过相。它就是无印良品的名星级单品"立体宽条纹可机洗高领毛衣"，我已经持续穿了若干年。这款线衫的立体条纹较宽，不会紧绷在身上，它帮助我克服了高领衫恐惧症。单穿这一件也好，与其他衣服叠穿还能穿搭出无数造型，是打破冬季沉闷、一衣多穿的利器。我购买的是L尺码，穿着起来很宽松。

高领线衫 / 无印良品

将衬衫叠穿在外

将高领线衫当作宽松款衬衫的内搭。为了衬托衬衫的竖条纹,整身衣物的色调都要选择深色。虽然只是简单地搭配牛仔裤,但上半身的叠穿显得很活泼,看起来十分华丽。

将衬衫叠穿在内

与上一件单品——驼米色小脚裤进行搭配,内搭的白衬衫在颈部若隐若现,感觉随意、自然,亦能展现出洒脱的气质。配饰统一选择米色与驼色,增添几分雅致之感。

+ 宽松衬衫

+ 白衬衫

竖条纹衬衫 / Chou Chou
牛仔裤 / 优衣库
水桶包 / J&M DAVIDSON
帆布鞋 / 匡威

衬衫 / Plage
小脚裤 / PLST
手提包 / FENDI
高跟鞋 / SESTO
丝巾 / Manipuri

column 2

让装扮更加
有趣的
穿搭小窍门

三四十岁女性的牛仔裤选择法

牛仔裤是我一直以来都非常钟爱的单品。牛仔裤是经典而普遍的存在,但根据其腰线高低、裤长、颜色深浅等情况,给人的感觉也大有不同,因此需要根据潮流和自己当下的身材不断更新。

像我一样下半身容易长肉的梨型身材,在穿紧身牛仔裤时要特别注意,因为它对身材的要求极高。避开弹力太强、紧绷的裤子是最好的办法。应选择裤腿是直筒型的牛仔裤,它不挑剔腿型,既能完美遮挡三四十岁女性的腰部赘肉,又能使腿部线条看起来更加修长。并且我建议选择质地较挺括、结实的牛仔裤。

#1

复古风格牛仔裤

我试穿了很多条,才终于在 Plage 买到了这款称心如意的牛仔裤。裤长、颜色深浅、休闲感十足的宽松剪裁,全部符合我的想象。很不可思议的是,这条牛仔裤洋溢着古着独有的慵懒味道,即使是与淑女风格单品或糖果色线衫等搭配在一起,看起来也显得十分洒脱。

Levi's 501

#2

白色或黑色牛仔裤

在我的心目中,排名仅次于普通蓝色牛仔裤的就是白色牛仔裤与黑色牛仔裤了。我现在非常喜欢的一款白色牛仔裤是优衣库的牛仔铅笔裤。白色看起来容易显胖,所以应选择不挑剔身材的款式。优衣库的这款牛仔裤还有一个优点,就是不会显得很透。

优衣库 高腰款牛仔铅笔裤(白色)
Mila Owen(黑色)

#3

紧身型牛仔裤

这款紧身型牛仔裤的裤管是直直的,因此即使是腿粗的人也可以穿,它具有使腿部线条显得修长的魔力。因为裤脚与脚踝间有一点距离,所以脚踝看起来显细。颜色是百搭的牛仔蓝。弹性适度,方便穿脱也是它的一项优点。

优衣库 高腰款牛仔铅笔裤(蓝色)

#4

直筒型牛仔裤

这款直筒型牛仔裤倾向于高腰、裤管剪裁垂直落下、质地挺括。脱浆的靛蓝色可精致可休闲,是百搭的单品。长度大约在脚踝上下,无论是搭配运动鞋还是搭配高跟鞋,都很漂亮。
MERI

线衫叠搭小妙招，打破冬季穿搭的沉闷

线衫与下装的一加一组合很容易让人觉得千篇一律。偶尔与其他上装叠搭，在领部与下摆处露出不同质地服装的边儿，若隐若现，可以吸引人们的视线。白色针织衫与衬衫能够为沉闷的冬季穿搭增添几分亮色。

搭配针织衫

在线衫颈部与下摆处露出边儿

在腰部或颈部加入白色，能为线衫沉闷的冬季造型增添几分亮色。优衣库U系列的T恤与圆领线衫穿在一起正合适。

搭配衬衫

松垮垮地套在高领线衫外

如果是Oversize的衬衫，套在高领线衫外就正合适。将衬衫的扣子多解开几枚，再将领口向后拉，穿出慵懒的感觉来。最好选择立体条纹材质的高领线衫。

将粗棒针开衫松垮垮地穿在身上

粗棒针开衫与纯棉材质地的针织衫搭配在一起，不同的材质互相映衬，很有韵味。将粗棒针开衫的领口向后拉，穿出慵懒的感觉是穿搭的亮点。

当作高领线衫的内搭来穿

白衬衫从袖口处和下摆处露出一条边儿来，缓和了线衫给人带来的臃肿感，使搭配显得更加考究。高领衫的色调越深，若隐若现的衬衫就越显眼，看起来十分帅气。

与同色开衫叠穿

将开衫的扣子全部系好，当作套头衫来穿。在开衫内叠搭白色针织衫，穿出同色套装的感觉，就能令人耳目一新，亦显得十分潇洒。

将难搭的衬衫穿出时装感

白衬衫是永恒不变的经典款,正因为如此,才更应该慎重地挑选它的宽松度与材质。光泽度过高的白色,以及紧绷绷的款式,单穿时会显得很像工作服,因此我并不推荐。

#white

#blue

#beige

白衬衫

如果只能买一件衬衫,那我一定会选择这款剪裁宽松的衬衫。穿着效果请参考下一页的图片。落肩袖设计能够自然地掩饰身体曲线,我非常喜欢这一点。它的质地是百分百纯棉,十分柔软,软塌塌的质感衬托出洒脱的气质。

Plage

蓝色竖条纹衬衫

蓝色衬衫是出色的全能型选手,既可以搭配同为冷色系的单品,穿出帅气的感觉,也可以搭配米色与棕色等,穿出熟女范儿。纯色的款式也不错,像这件一样,带有自然的竖条纹的款式也十分百搭。

Mila Owen

驼米色衬衫

有些读者的衣柜中可能已经白色、蓝色衬衫了,那么接下来我要向大家推荐的颜色就是驼米色。这款衬衫的全部我都很喜欢,比如Oversize的设计、厚实的布料等。它可用与任何衣物叠搭,只需简地单穿这一件即可,上身效果漂亮得让人难以置信。

MERI

衬衫的穿法

【袖子①】

1.

将袖子向上挽一圈，挽得宽一些。

2.

将上一步挽好的部分再对折挽一圈。

3.

整理好袖形就完成了。

【袖子②】

1.

系上袖扣，然后将袖子挽至胳膊肘下方。

2.

将胳膊肘上方的袖管整理得美观些就完成了。

【领子】

1.

将衬衫下摆扎入牛仔裤，然后将领子向后拉。

2.

使领子与后颈间空出一段恰到好处的距离。

拒绝土气，
拒绝死板，
这就是我认定的
夹克造型

在搭配夹克造型时，常常会搭配得土气，要不然就搭成了面试装，看着总是很别扭。

接下来我将向大家介绍绝不会出错的夹克内搭选择法。

jacket +
白色针织衫

这样搭配能将夹克穿出潇洒但不强硬的气场。夹克本身的气质是硬朗的，将它出人意料地与棉质休闲针织衫搭配在一起，打造混搭风格。内搭也可以选择白底黑字的简约款T恤，或是圆领T恤，我也十分推荐。

jacket +
将开衫
当作套头衫来穿

如果感觉内搭过于朴素、整体穿搭不出彩的话，可以尝试着将开衫的扣子全部系上，当作套头衫来穿。这样一来，纽扣线就会成为视觉焦点，令人感觉这身搭配十分考究。我个人觉得，选择V领开衫能使颈部显得修长，整体造型看起来更加协调。

jacket +
小立领
罩衫

与标准的衬衫相比感觉更女性化、更柔美一些，最大的一个优点就是，它能展现出时尚感。对于领部较窄或是领部有褶皱等设计感较强的衬衫来说，简洁的无领夹克更能衬托出其亮点。

jacket +
蓝色衬衫

想将藏蓝色西服小外套穿出正装感时，蓝色衬衫就能大显身手了。蓝色与藏蓝色的搭配看起来很简练，我十分推荐在想打造帅气的造型时穿着。首饰要选择奢华风格的，如珍珠等材质的首饰就能完美地衬托出女性气质。

jacket +
简约款黑色立体条纹线衫
想将藏蓝色西服小外套与黑色夹克穿出时髦的感觉,黑色立体条纹线衫是必不可少的单品。我推荐船领与圆领,这两种款式能使颈部看起来更加修长。内搭与夹克的颜色对比不要太强烈,选择色调深浅相似的款式,使整体搭配看起来比较协调,才是打造洒脱感的最佳法则。

jacket +
与夹克同色的内搭
配合夹克的色调与层次感来选择内搭的颜色,这样穿起来会有一种成熟的气质。立体条纹材质还可以展现出造型的层次感。我觉得用相反色做成撞色搭配也很时尚,但如果想展现高级感,我还是推荐用同色内搭。

jacket +
白衬衫
如果夹克的色调过于暗沉,那搭配白衬衫看起来就太像职业装了,但如果是和这样的浅米色夹克搭配在一起,就会显得既成熟又有范儿。如果想穿得稍微休闲些,可以搭配蓝色牛仔裤,如果想穿得正式些,则可以搭配西装款长裤。

jacket +
条纹针织衫
夹克配条纹衫是混搭造型中永恒的经典。夹克给人的感觉是正装,但只要搭配上休闲感满满的条纹衫,就能轻松地在平日里穿着。选择黑白条纹衫,并且是细条纹的款式,还有白色+藏蓝色条纹衫也很百搭。

5

第五章

秋季与冬季的
一衣多穿搭配法

———

春去秋来,在这一章里集中了秋冬
单品的一衣多穿搭配实例。
我平时总爱穿基础色,
但一到秋天我就会变得想尝试
各种各样的颜色。
冬天只能穿大衣,
为了摆脱这种固定思维模式,
我将通过叠搭和配饰的变化来享受
穿搭的乐趣。

AUTUMN

我推荐灯芯绒＋秋季配色，
在残暑未消的季节中
带领初秋降临人间

**在橙棕色的基础上
加入棕色与米色……
令秋天的气息满溢**

灯笼袖线衫与灯芯绒阔腿裤都很宽松，组合在一起时要注意将上衣扎进裤腰里、强调腰线位置，这是使上下身比例看起来协调的铁则。即便是灯芯绒质地的阔腿裤，只要选择象牙色就不会显得厚重。

———
线衫、阔腿裤 / Spick & Span
手提包 / FENDI
高跟鞋 / PELLICO
丝巾 / Manipuri

>> 另一种
灯芯绒单品穿搭

橙棕色灯芯绒长裙是主角。款式简洁的上衣将长裙衬托得更加出彩。豹纹的人造皮草手提包配上棕色的高跟鞋，明明是一身轻薄的衣服，但却领先于季节潮流，充满秋天的气息。

针织衫 / AURALEE
长裙 / IENA
手提包 / Mila Owen
高跟鞋 / SESTO

立体条纹紧身裙，使上半身显得更加丰满

在衬衫式夹克外系上宽腰带，强调腰线，既能使造型升一个等级，又能令人觉得这身搭配很考究，一举两得。高领线衫、水桶包上的流苏饰边，以及帆布鞋都是黑色的，在整体搭配中起到了视觉收缩的效果。

>> 立体条纹紧身裙的
  一衣多穿法

帽衫与立体条纹紧身裙混搭在一起，既休闲又有一种雅致的韵味。单品的风格越休闲，配色就越不能使用点缀色，而需要用白色、米色制造层次感，用简约风来统一整身造型。

帽衫 / 优衣库
手提包 / CELINE
凉鞋 / GU

>> 立体条纹紧身裙的
  一衣多穿法

在紧身裙外再叠穿一件厚款针织连衣裙。只要用类型相似的颜色来统一风格，那么即使选择休闲材质，也能给人一种高级感。缩短挎包带、将它斜背在前胸处，能够提升造型时尚度，避免单调感。

连衣裙 / 米莉
挎包 / 发圈

衬衫 / &. NOSTALGIA
高领线衫 / 无印良品
长裙 / MERI
水桶包 / Ayako
帆布鞋 / 匡威
腰带 / ANAYI

利用皮绳腰带，为长度过膝的线织连衣裙加分

我很钟意这款连衣裙柔和的米色与恰到好处的长度，它的价格大约是4000多日元（人民币近300元），购于网店。搭配皮绳腰带与不同款式的下装，可以在各种场合穿着。用复古风格的包包与丝巾来统一整体造型，展现出高级感。

≫ 线织连衣裙的一衣多穿法

在线织连衣裙内叠搭一条质地柔软的百褶裤，看起来俏皮可爱。为了避免整体造型显得过于甜美，我搭配了蟒蛇纹的水桶包，以及中性风乐福鞋，展现出绅士般的气质。

百褶裤 / Chou Chou
水桶包 / Chroniques by Delphine Delafon
乐福鞋 / Gucci

连衣裙 / NET STAR
牛仔裤 / Levi's
手提包 / 菲拉格慕
高跟鞋 / PELLICO
披肩 / Manipuri
皮绳腰带 / Plage

≫ 线织连衣裙的一衣多穿法

搭配裤脚处有开衩的线织打底裤是熟女的休闲范儿。一定要通过淑女风格的配饰来增添高级感，否则看起来会像穿着家居服出了门一样。还有一个关键点，就是要统一整体服饰的色调。

手提包 / FENDI
丝巾 / Manipuri
打底裤 / 靴下屋

用棕色来协调
格子与条纹的搭配

葛伦格纹夹克与条纹衫的组合可以通过棕色来统一色调，完全不显得杂乱。我很想尝试一下这样的组合，于是就在 Mila Owen 购买了这两件。

》夹克、针织衫的
一衣多穿法

将下装替换为休闲风格的黑色牛仔裤，一穿上就感觉自己变得帅气起来。手提包也由米色替换为棕色，在配色时要有意识地选择棕色+黑色这样的深色。

牛仔裤 / Mila Owen
手提包 / FENDI

夹克、针织衫 / Mila Owen
阔腿裤 / Plage
手提包 / CELINE
高跟鞋 / SESTO

》夹克的一衣多穿法

带 LOGO 的 T 恤+浅蓝色牛仔裤+帆布鞋增添几分休闲的气息。这身搭配不仅耐看，而且穿起来很令人放松。带 LOGO 的 T 恤色调偏米白色，比起纯白色来更能给人留下成熟的印象。

T 恤 / ZARA
牛仔裤 / Levi's
手提包 / FENDI
帆布鞋 / 匡威

皮夹克搭配充满女性美感的长款下装是我的法则

整体造型统一选择偏柔和一些的颜色。皮夹克与休闲风格的包包组合在一起,展现出洒脱感。搭配褶痕明显的蓝灰色百褶裤,十分具有视觉冲击力。

>> **皮夹克的一衣多穿法**

烟熏灰色 + 棕色 + 芥黄色看起来宛如树木的果实一般,是最具秋天气息的配色。蕾丝长裙要选择长度在膝下十公分的款式,这样看起来更为高雅。蕾丝长裙过于精致甜美,穿起来总有些不好意思,因此我搭配上运动鞋来增加休闲度。

针织衫、长裙 / fifth
水桶包 / Ayako
运动鞋 / 阿迪达斯

>> **另一种皮夹克穿搭**

用皮夹克来打造黑白灰色调的造型。波点图案的长裤穿起来非常帅气。将T恤、冬季气息十足的羊羔绒水桶包、凉鞋配短袜等不同季节的单品混搭在一起,正是秋季穿搭的乐趣所在。

皮夹克 / 韩国邮购
T恤 / 优衣库
百褶裤 / Chou Chou
水桶包 / &. NOSTALGIA
凉鞋 / PACO POVEDA
短袜 / 靴下屋

皮夹克 / &. NOSTALGIA
无袖针织衫 / and Me
百褶裤 / Chou Chou
手提包 / Hervé Chapelier
高跟鞋 / PELLICO
丝巾 / Manipuri

我十分钟爱基础色，
然而面对秋季款多彩单品，
我也不由得为之着迷

无论是颜色鲜艳的芥黄色线衫，还是让我尽显成熟风范的百搭款棕色灯芯绒长裤，只要选择同驼色水桶包与驼色高跟鞋组合，就能形成和谐的渐变，将上衣与下装自然地衔接在一起。

———

线衫 / Spick & Span
长裤 / IENA
水桶包 / Liberty Bell
高跟鞋 / GU

≫ 线衫的一衣多穿法

在长裙的格纹中穿插着黄色线条,因此它与线衫的颜色很合衬。在穿着带有格纹图案的衣物时,要注意选择与格纹中某个颜色同色的单品来与之搭配,这样整体造型才会看起来协调而不显凌乱。

长裙 / Spick & Span
手提包 / FENDI
踝靴 / SESTO

≫ 格子长裙穿搭

这款飘逸的长裙极具设计感,堪称明星级单品,与之搭配的服饰一定要尽可能做减法,享受极简风格穿搭的乐趣。我不想将格纹图案穿出甜美感,因此全身配色都统一选择黑、白、灰三色,再搭配款式时髦的短靴增添帅气感。

开衫 / KOBE LETTUCE
长裙 / Chou Chou
水桶包 / J&M DAVIDSON
短靴 / PELLICO

在夏装外松松地披一件粗棒针开衫，摇身一变展现出秋天的面容

看起来温暖厚实的开衫反其道而行地混搭材质轻飘飘的长裙，是只有换季时才能享受到的搭配乐趣。即使是不擅长穿着米色上衣的人，搭配这款粗棒针、大领口的开衫来也毫无压力。

》》开衫、牛仔裤的一衣多穿法

将粗棒针开衫套在高领线衫外穿着。像这样线衫套线衫的叠搭，要选择尺码与材质不同的单品组合在一起，以免显得臃肿、笨重。浅蓝色牛仔裤能增加轻快感。

高领线衫 / 无印良品
牛仔裤 / Levi's
手提包 / Mila Owen
高跟鞋 / SESTO

》》开衫、坦克背心的一衣多穿法

将开衫的扣子全部解开，松垮垮地披在坦克背心外面，从初秋开始就能享受到领先于季节潮流的乐趣。穿着开衫时可以隐隐约约地露出一点肩膀，展现出女性的妩媚感。

水桶包 / Ayako
帆布鞋 / 匡威

开衫 / &. NOSTALGIA
坦克背心 / 无印良品
长裙 / MERI
水桶包 / J&M DAVIDSON
凉鞋 / PACO POVEDA

双排扣风衣与红色线衫
是我最喜爱的、天造地设的组合

休闲中带有几分女性的妩媚,这就是双排扣风衣+红色线衫的搭配给人的印象。再与浅蓝色牛仔裤组合在一起,洋溢着清爽与干练的气质。深沉的棕色墨镜与棕色手提包补充了休闲元素。

双排扣风衣 / Deuxieme Classe
线衫 / titivate
牛仔裤 / Levi's
手提包 / FENDI
运动鞋 / 阿迪达斯

》脱掉双排扣风衣的造型

红色线衫+浅蓝色牛仔裤是我非常喜欢的组合。在这身搭配中,我将白色运动鞋换成了棕色高跟鞋,因此包包选择了白底的,注意维持随意、自然的感觉。成熟而有韵味的休闲感是这身穿搭的主题。

水桶包 / Ayako
高跟鞋 / SESTO

》红色线衫的一衣多穿法

下装选择棕色的粗条纹灯芯绒阔腿裤。这身装扮的深沉色彩正适合初秋。鞋子选择乐福鞋,打造绅士气质。红色+棕色的配色给人一种温暖的感觉,再点缀上黑色可以起到视觉收缩的效果。

阔腿裤 / IENA
手提包 / Mila Owen
乐福鞋 / Gucci

> 深沉的藏蓝色与棕色配饰，令蓝色古着牛仔裤更加别致

有时我会非常想穿着这款富有光泽的长毛绒线衫。雅致的光泽能将脸色映衬得十分明亮。我一直在强调，有层次感的配色要选择不同材质的单品，而这款线衫正好派上用场。

——

线衫 / Chou Chou
牛仔裤 / Levi's
手提包 / Mila Owen
高跟鞋 / SESTO

>> 开衫的一衣多穿法

藏蓝色+黑色的休闲风格穿搭。将条纹针织衫作为内搭穿在开衫内,从下摆与袖口处露出一条边儿来,是这身穿搭的亮点。包包和鞋子也要选择黑白色调、有对比度的单品,使白色更加抢眼。

针织衫 / AURALEE
牛仔裤 / 优衣库
水桶包 / Ayako
帆布鞋 / 匡威

>> 开衫的一衣多穿法

长毛绒开衫与绸缎长裙混搭在一起,既是不同材质,又是不同风格。选择偏红的棕色,在配色上洋溢着秋天的气息。暖和的线衫反其道而行之地搭配上凉鞋,反差带来的视觉效果也是只有在秋天才能实现的搭配。

长裙 / MERI
水桶包 / J&M DAVIDSON
凉鞋 / GU

WINTER

我很喜欢在冬天穿白色宽大尺码的高领衫，它是长裤与长裙的好搭档

白色的大衣不会显得过于奢华，牛角扣大衣方便穿搭

牛角扣大衣穿起来往往容易显得幼稚，但如果选择不是那么白的米白色，就能呈现出既细腻又雅致的气质，同时要选择长度较长、牛角扣为黑色的款式，这样就能打造出高雅而成熟的气场。与工装裤搭配，整体造型走休闲风。

牛角扣大衣 / DRESSTERIOR
高领线衫 / GALERIE VIE
工装裤 / Shinzone
手提包 / FENDI
高跟鞋 / SESTO
丝巾 / Manipuri

》高领线衫的一衣多穿法

将宽松剪裁的白色高领线衫与风格简洁的半裙搭配在一起,享受反差带来的乐趣。即使在高领线衫内穿上保暖衣,也不会显得臃肿,因此我很喜欢这身穿搭。高跟鞋配短袜增添休闲气息。

———

半裙 / nano·universe
水桶包 / J&M DAVIDSON
高跟鞋 / PELLICO
短袜 / 靴下屋

用同一件单品打造出千变万化的熟女范儿双排扣风衣造型

这身穿搭中的高领线衫我选择了柔和的中灰色，与上一页中出现的高领线衫是同款不同色。从下摆处露出T恤的白边，看起来十分清爽，这样就能够避免双排扣风衣内灰色上衣＋长裤的搭配给人的老气印象。

》 不需要穿着风衣时

格纹披肩与灰色上衣＋长裤等成熟配色组合在一起，就能摆脱幼稚的印象。披肩上的蓝色很显眼，但格纹中的炭灰色与黑色使披肩融入了整体搭配，看起来十分协调。

水桶包 / J&M DAVIDSON
高跟鞋 / SESTO
披肩 / matti totti
短袜 / 靴下屋

》 双排扣风衣的一衣多穿法

将桃红色穿出帅气感，是这身搭配的主题。玩转粉色线衫与浅色牛仔裤的休闲造型，再罩上端庄的传统派双排扣风衣，一秒钟变酷！

线衫 / BARNYARDSTORM
牛仔裤 / Levi's
水桶包 / J&M DAVIDSON
芭蕾鞋 / SESTO

双排扣风衣 / Deuxieme Classe
高领线衫 / GALERIE VIE
T恤 / 优衣库
阔腿裤 / Spick & Span
手提包 / CELINE
高跟鞋 / PELLICO
披肩 / Cashmee

冬季的黑、白、灰穿搭
要敢于大面积地使用白色

如果某一天我为挑选哪件大衣而犹豫,一般我都会选择颜色相同的大衣与打底衫来搭配,这样能够展现出干练的气质,简单得出人意料。宽大的线衫搭配高腰款紧身长裙,提高腰线位置,强调身体曲线。

》高领线衫的一衣多穿法

象牙色、本白色、浅米色等,我非常喜欢将这些相似的明亮色随意叠搭在一起,可爱度爆表。丝巾也融入整体造型中。将衬衫叠搭在线衫内,从袖口处露出一条若隐若现的白边米。

内搭衬衫 / Plage
阔腿裤 / Spick & Span
水桶包 / Donoban
帆布鞋 / 匡威
丝巾 / GALLARDAGALANTE

大衣、长裙 / IENA
高领线衫 / GALERIE VIE
水桶包 / &. NOSTALGIA
短靴 / PELLICO

》另一种灰色大衣穿搭

今天我想穿着黑、白、灰色调的服饰,整体造型走酷帅绅士风,因此选择了炭灰色大衣。配饰也选择了黑色皮质组合,突显传统气质。虽然整身搭配看起来非常帅气,但脸周的珍珠项链又增添了奢华的气息。

大衣 / Chou Chou
线衫 / 优衣库
T恤 / JOURNAL STANDARD
长裤 / PLST
水桶包 / J&M DAVIDSON
乐福鞋 / Gucci

罩衣式长款线衫与条纹线衫，
用黑、白色调来打造
冬日里的海军风穿搭

用皮绳腰带来强调罩衣式长款线衫
的腰部线条，享受与厚重感对抗的
乐趣。我喜欢在冬日的一片雪白中
点缀一件条纹衫，打造冬日海军风。

罩衣、线衫 / Spick & Span
牛仔裤 / 优衣库
手提包 / 菲拉格慕
乐福鞋 / Gucci
皮绳腰带 / Plage

》 另一种牛仔夹克穿搭

上下装均为白色系,自然衔接,将上衣扎进裤腰里强调身体曲线,使造型提升一个档次。在紧身款牛仔夹克外裹上披肩,通过增加上半身的比重使整体造型达到平衡。

开衫 / MACPHEE
阔腿裤 / Spick & Span
水桶包 / J&M DAVIDSON
帆布鞋 / 匡威
披肩 / Cashmee

》 牛仔夹克的叠搭

将牛仔夹克作为内搭,即使不穿大衣也很暖和。虽然外搭的罩衣质地厚实,但是多亏了牛仔衣的深蓝色,才能没有一丝臃肿的感觉,看起来十分协调。其余服饰均统一选择黑、白色调的单品,用来衬托牛仔衣的蓝色。

牛仔夹克 / MACPHEE
水桶包 / Liberty Bell
帆布鞋 / 匡威

粗条纹灯芯绒阔腿裤
与毛茸茸手提包的组合是冬季专属

棕色与米色的配色既柔和又雅致,将条纹线衫的条纹衬托得更加醒目。虽然是条纹+豹纹的搭配,但由于两件单品均使用了低调的配色,因此看上去很协调。

>> 大衣、线衫的
 一衣多穿法

整体造型统一选择黑、白色调,再搭配上具有亲和力的米色大衣与米色丝巾,增添柔美之感。我很喜欢白色牛仔裤,它能为容易变得沉重的冬季穿搭增加一抹亮色。

牛仔裤 / 优衣库
手提包 / 菲拉格慕
短靴 / PELLICO
丝巾 / Manipuri

>> 大衣、线衫的
 一衣多穿法

鲜艳的桃红色只要同巧克力一般的棕色搭配在一起,就不会显得幼稚,反而给人一种成熟的印象。再选择一些女性化的配饰来搭配,成熟范儿红色穿搭就完成了。

线衫 / BARNYARDSTORM
链条包 / 香奈儿
高跟鞋 / Daniella & GEMMA

大衣 / Plage
线衫 / Spick & Span
阔腿裤 / IENA
手提包 / Mila Owen
帆布鞋 / 匡威

将洋溢着温暖气息的羊羔绒夹克
作为反差单品来搭配

羊羔绒是当今正流行的经典材质。像这样,将羊羔绒夹克作为精致风格造型的反差搭配来用,百分百不会出错。即使是休闲风格的单品,只要选择成熟的配色,就能达到协调的效果。

>> 羊羔绒夹克、开衫的
   一衣多穿法

将冬季材质与轻薄的夏季材质混搭在一起,享受穿搭乐趣。将脖颈完全露出,展现女性的妩媚之姿,能避免上半身显得过于臃肿。

长裙 / MERI
水桶包 / J&M DAVIDSON

>> 另一种羊羔绒长款
   大衣穿搭

卡其色 + 黑色的配色看起来很帅气。将链条包当作首饰一般斜挎在胸前,再搭配上高跟鞋,展现女性的妩媚,以免看起来过于男性化。

羊羔绒大衣 / Chou Chou
高领线衫 / 无印良品
T恤 / 优衣库
长裤 / PLST
链条包 / 香奈儿
高跟鞋 / PELLICO

羊羔绒夹克 / Chou Chou
开衫 / MACPHEE
长裤 / PLST
链条包 / 香奈儿
运动鞋 / 阿迪达斯

巨星级别的紫色大衣
搭配保暖衣与牛仔裤,穿出轻快感

这套穿搭的配色与 119 页的彩色长裤穿搭很相似,但由于这套搭配中加入了白色的保暖衣,所以给人的印象一下就变得很有精神。人造羊羔绒内胆的透明水桶包令我享受穿搭的乐趣。

》保暖针织衫、牛仔裤的 一衣多穿法

在熟女风棕色系带大衣内叠搭帽衫与保暖针织衫,从颈部若隐若现地露出一点针织衫的边儿,增添休闲气质。再搭配上豹纹的人造皮草手提包与黑色高跟鞋,增加复古元素。

大衣 / GALLARDAGALANTE
帽衫 / 无印良品
手提包 / Mila Owen
高跟鞋 / Daniella & GEMMA

》保暖针织衫、牛仔裤的 一衣多穿法

将条纹衬衫与无领大衣叠搭在一起。冷色系配色十分帅气,再利用黑色配饰衬托出女性独有的帅气感。我很喜欢用链条包搭配牛仔裤等休闲单品。

大衣 / Plage
衬衫 / Chou Chou
链条包 / 香奈儿

大衣、水桶包 / &. NOSTALGIA
保暖针织衫 / my clozette
牛仔裤 / MERI
高跟鞋 / SESTO

"大叔风？"No！
罩衫式大衣
将帅气进行到底

葛伦格纹的罩衫式大衣要避免选择点缀色等配色，整体搭配统一选择深色系。船领的立体条纹线衫与牛仔铅笔裤、高跟鞋等女性化风格单品组合在一起，只要看起来协调就没问题。

大衣 / Plage
线衫 / KOBE LETTUCE
牛仔裤 / 优衣库
手提包 / FENDI
高跟鞋 / PELLICO

卡其色长款大衣衬托出
不同材质的白色上下装搭配

虽说上衣和长裤都是白色,但也有细微的差别,一个是米白色、一个是纯白色,再加上材质也不同,一个是毛线、一个是牛仔,因此是有层次感的。平时我一般将这双蟒蛇纹高跟鞋当作米色的来穿搭,不过在颜色数量较少的造型中,它是一件很好的调味品。

≫ 高领线衫、黑色牛仔裤的一衣多穿法

格纹夹克与大衣的叠搭。虽然这个组合乍一看有些大叔的味道,但多亏了大衣燕麦色的色调打造出的女性气息,一下子就提升了高级感。运动鞋与水桶包的白色为整体造型增添了几分清爽的感觉。

大衣 / Plage
夹克 / Mila Owen
水桶包 / J&M DAVIDSON
运动鞋 / 阿迪达斯

≫ 大衣的一衣多穿法

将卡其色穿出休闲以外的感觉,是我的独特之处。这身穿搭上下装均为黑色,看起来既显瘦又时髦。高领线衫下摆处露出一点T恤的边儿,打造随意感,同时选择暖棕色手提包与暖棕色高跟鞋,展现出高雅而深沉的气质。

高领线衫 / 无印良品
T恤 / 优衣库
牛仔裤 / Mila Owen
手提包 / FENDI
高跟鞋 / SESTO
丝巾 / Manipuri

大衣 / STUNNING LURE
高领线衫 / GALERIE VIE
牛仔裤 / 优衣库
手提包 / CELINE
高跟鞋 / PELLICO
丝巾 / Manipuri

将整身穿搭的颜色数量控制在三种，就能将彩色长裤穿出优雅风

藏蓝色 + 紫色 + 棕色的三色穿搭。我很喜欢将偏冷色调的紫色与藏蓝色搭配在一起。高跟鞋也选择紫色的，起到视觉延伸的效果。将彩色长裤穿出层次感来，用成熟风格的穿搭玩转色彩游戏。

>> **大衣的一衣多穿法**

黄色半裙的长度在膝下10厘米，不会太紧，裙子前面有开衩，看起来干练而成熟。裙子与高跟鞋的搭配穿起来有些不好意思，可以加一双短袜，走成熟休闲风。

线衫 / Spick & Span
半裙 / BASEMENT online
水桶包 / &. NOSTALGIA
高跟鞋 / PELLICO
披肩 / Manipuri
短袜 / 靴下屋

>> **另一种藏蓝色羽绒服穿搭**

ZARA 的羽绒服不是那么厚重，所以我很喜欢。这款羽绒服是休闲风格的单品，因此我将衬衫纽扣解开了两枚、领口敞开，通过露肤与珍珠项链的组合强调女性的妩媚感，这样搭配使整体造型在休闲与精致间取得了完美的平衡。

羽绒服 / ZARA
衬衫 / Plage
牛仔裤 / MERI
手挎包 / TOMORROWLAND
高跟鞋 / SESTO

大衣 / Spick & Span
保暖针织衫 / my clozette
长裤 / IENA
手提包 / FENDI
高跟鞋 / NEBULONI E

column 3 优衣库单品的
一衣多穿搭配大全！31天

我从优衣库的上衣、下装中精心挑选出16款单品，全都是非常适合一衣多穿的搭配！下面我将向大家介绍整整一个月的穿搭示例。

※ 手提包、鞋子、丝巾等配饰除外

秋冬篇

外套

牛仔夹克能为材质厚实的冬季单品增添几分灵动之感，轻快而温暖的羊羔绒大衣也是首选。羊羔绒大衣是XL尺码的，可以和剪裁宽松的单品叠搭，享受穿搭乐趣。V型无领设计是穿起来不显臃肿、反而显得清爽的关键。

衬衫

清爽感满满的蓝衬衫与大地色搭配在一起十分合衬，还有洋溢着秋季气息的驼棕色衬衫，是稍微有些厚度的款式。衬衫单穿一件也可以，套在高领线衫外穿也可以，或者作为内搭来穿也可以，为此要选择Oversize的尺码，以便在各种造型中都能穿着。

上衣

除了万能的黑、白、灰色调上衣，我还选择了一款靓丽的绿色线衫。虽然四件线衫的领口设计都有所不同，但材质全部是山羊绒的。条纹针织衫是我一年到头都会穿着的单品，配色选择了经典的本白色+藏蓝色。优衣库的T恤也是春夏秋冬都可以穿着的，春夏季过后，在秋冬季也依然登场了，可以在叠搭时大显身手。

长裙、连衣裙

裙子要选择稳重的颜色与样式，打造熟女的形象。3D美利奴羊毛的立体条纹喇叭型连衣裙只需简单地穿着这一件就能展现出剪裁的美感。立体条纹紧身长裙要选择下摆垂直落下、不裹腿的款式，这样对于身材就没有那么挑剔。不论是连衣裙还是长裙，都要选择膝下10厘米的长度。

这些是用来搭配服装的配饰！

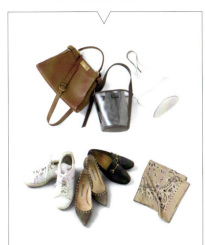

高跟鞋、运动鞋、乐福鞋，无论是从颜色上还是从风格上来说，它们能够搭配的范围都很宽广。和春夏季的搭配一样，包包和鞋子要选择同色系的单品来搭配，并且要选择百搭的颜色，如黑色、白色、棕色。此外，我还选择了米色的丝巾，它和秋冬季浓厚的色调搭配在一起很协调。

优衣库
单品搭配
31 天

day 1/31

长裤

冬季穿搭容易给人一种厚重感，因此，增添休闲轻快感的牛仔材质是必不可少的。我选择了靛蓝色与白色两种颜色的牛仔裤。优衣库的阔腿裤是我每一季都要购买替换的明星级单品，我选择的是我心目中的经典色——米色与棕色。

4 + 6 + 11

蓝色+灰色+白色的配色烘托出了休闲的气质。在配饰中多处使用白色是使整体造型看起来清爽的关键。

整身造型都选择了棕色，洋溢着秋天的气息。提升腰线位置以避免穿起来像大叔，将衬衫领部的纽扣解开，展现女性的妩媚之感。

穿上运动鞋，应付为工作而奔波的一整天。简洁的衬衫造型不需要任何叠搭，正适合残暑未消的初秋！

和时尚圈好友一起吃午餐。这款立体条纹线织连衣裙只需单穿一件就很有美感了，再搭配上丝巾与短袜，时髦度倍增。

开会时用衬衫＋丝巾的搭配来展现职场女性干练的风采吧！为了不显得过于强硬，再搭配上牛仔裤与乐福鞋，增添一丝恰到好处的休闲感。

高领线衫＋衬衫的叠搭看起来就很有搭配技巧，我十分钟爱。衬衫可以穿脱，因此我十分推荐在早晚温差大的秋天穿着它。

T恤＋阔腿裤的造型虽然简洁，但十分具有美感，只需再披上一件牛仔夹克，就是一套完美的搭配了。

优衣库
单品搭配
31天

day 8/31

6 + 10 + 15

想走绅士风路线的日子，就以牛仔裤为中心来穿搭。虽然都是休闲风格的单品，但是整体造型统一选择黑、白色调和靛蓝色，看起来非常显成熟。

day 9/31

3 + 9 + 11

驼棕色与炭灰色搭配。这种配色往往容易显得老气，这时就需要白色来发挥作用，增加清爽感。

day 11/31

将连衣裙与皮绳腰带、牛仔裤叠搭在一起，享受改变式样与转变气质的乐趣。棕色与靛蓝色的深沉配色也十分合衬。

12 + 15

day 10/31

全部单品都选择男性化风格的，再通过佩戴超大耳环与丝巾等配饰来增添女性的妩媚气质。

4 + 10 + 16

优衣库
单品搭配
31 天

day 12/31

将 Oversize 款式的衬衫当作夹克来穿。在衬衫外系上皮绳腰带，扣子全部解开，就能打造出自在而随性的气质。

day 14/31

7 + 14

今天要参加会议，我选择穿着鲜艳的绿色线衫，颈部佩戴丝巾，上身搭配洋溢着奢华的气质。这样一来我的情绪也会随之上涨，工作起来更加得心应手。

day 13/31

6 + 7 + 13

绿色 + 棕色是我十分钟意的配色。将 Oversize 款式的山羊绒套头线衫披在肩膀上，既时髦又具备实用性。

day 15/31

3 + 6 + 14

在家 SOHO，然后去接孩子回家。为了抵御初秋傍晚的凉意，穿着稍微有些厚度的衬衫是十分方便的。衬衫内叠搭一件条纹针织衫，使造型富有灵动的气息。

3 + 9 + 16

去关西地区出差。穿惯了牛仔裤与乐福鞋,乘坐新干线来回奔波也不觉得疲倦。将T恤作为内搭,从领部和下摆处露出一条边儿来,看起来很清爽。

周末的休闲穿搭。牛仔夹克与运动鞋组合在一起,显得很随意,再搭配上立体条纹紧身长裙,增添女性气质。

纯白色搭配将条纹线衫衬托得更加出彩。上衣与下装的单品稍微有些深浅色差,这样看起来才不会显得没有层次感,同时要选择不同材质的上下装来搭配。

下班后我计划去购物,因此这身穿搭非常应景,不仅方便在试衣间穿脱,还是与各种单品都百搭的中间色。

用高领衫+牛仔裤打造干练的造型。内搭的T恤从线衫下摆处露出一条白边儿来,与高跟鞋搭的白色短袜相呼应,这是让整身穿搭不流于平淡的小心机。

绿色与炭灰色、蓝色等搭配在一起也十分合衬。久坐也不累的立体条纹长裙是应付长时间会议的法宝。

day 22/31　8+9+13

在家工作后去接孩子回家。秋愈深，傍晚寒气愈重，因此，我将暖和的山羊绒线衫披在肩膀上抵御寒冷。

day 23/31　1+12

晚上要参加聚餐。穿着立体条纹连衣裙走精致路线，再搭配上高跟鞋+短袜的组合，以及抵御夜晚寒气的羊羔绒大衣，尽享穿搭乐趣。

day 24/31　7+13

与陌生人一起开会。我平素穿惯了基础色，一穿上彩色线衫就很有仪式感，干劲十足。

day 25/31　3+12

利用衬衫式外衣与运动鞋为连衣裙增添几分休闲感。我觉得将衬衫随意地披在肩膀上很可爱。

day 26/31　1+5+9+13

职场穿搭。在不知怎样搭配才好时，我会选择由米白色过渡到棕色的渐变配色，这是我在工作时的经典搭配。

day 27/31　2+3+16

在咖啡馆编写书稿。驼棕色与牛仔蓝是我长久以来一直十分喜爱的配色。再搭配上手提包与高跟鞋，增加精致元素。

优衣库
单品搭配
31天

see you next time!

day 28/31

以day7的穿搭为基础,由于天气变冷了,再叠穿一件羊羔绒大衣。当内搭是针织材质,整体搭配不显丝毫臃肿。

1+2+5+14

day 31/31

1+6+16

day 29/31

以day16的搭配为基础,再披上一件羊羔绒大衣,就是我周末时的造型了。整体穿搭舒适而放松,再搭配上高跟鞋,增添精致元素。

1+10+16

day 30/31

冬季的海军风造型。白色与条纹的清爽组合不搭配任何点缀色,简约的装扮看起来非常成熟,我十分钟意。

简洁的搭配要选择成熟的黑、白、灰色调。此外,我也很喜欢高领线衫与无领大衣的组合。

1+5+8+15